U0192970

基于德勒兹哲学的
当代建筑美学

刘杨 著

中国建筑工业出版社

图书在版编目（CIP）数据

基于德勒兹哲学的当代建筑美学 / 刘杨著. —北京：中国建筑工业出版社，2023.1

ISBN 978-7-112-28020-9

Ⅰ.①基… Ⅱ.①刘… Ⅲ.①建筑美学—研究 Ⅳ.①TU-80

中国版本图书馆 CIP 数据核字（2022）第 181410 号

　　本书通过深入挖掘、梳理德勒兹时延电影理论、平滑空间理论、无器官的身体理论、动态生成论等美学意涵，对当代复杂建筑创作现象及其美学思想、审美特征、审美思维、审美观念、审美规则等进行分析，力图构建反映信息文明、科技文明和生态文明的时代特点、适应社会发展方向的建筑美学思想体系，以期为当代建筑的审美解读提供有价值的参考。

责任编辑：周方圆
责任校对：李美娜

基于德勒兹哲学的当代建筑美学
刘杨　著

*

中国建筑工业出版社出版、发行（北京海淀三里河路9号）
各地新华书店、建筑书店经销
华之逸品书装设计制版
北京建筑工业印刷厂印刷

*

开本：880毫米×1230毫米　1/32　印张：10　字数：232千字
2023年2月第一版　　2023年2月第一次印刷
定价：48.00元
ISBN 978-7-112-28020-9
（40128）

版权所有　翻印必究
如有印装质量问题，可寄本社图书出版中心退换
（邮政编码 100037）

前言

————

　　随着信息时代的到来，数字技术、生物智能技术等高科技主导了社会发展的众多领域，这对当代建筑的发展也产生了巨大的冲击。当代建筑师根据社会的变革积极探索新的建筑发展方向，创造出了大量特色鲜明的、复杂的建筑作品，这些作品体现了科技文明和信息时代的全新设计理念，与工业社会的建筑形成强烈的对比。显而易见，工业社会的建筑创作原则和建筑美学已经无法完全满足当今信息时代建筑的发展要求，这就迫切需要创建高科技文明主导下的新的建筑美学体系。而德勒兹哲学迎合了当代建筑复杂化的发展方向，引领了当代先锋建筑师的创作思想和创新手法；德勒兹流变美学的开放性、创造性与当代建筑复杂、多元的现象相契合，为当代建筑美学体系的构建提供了理论基础。本书以法国当代哲学家吉尔·德勒兹的差异哲学与流变美学为理论基础，旨在阐明德勒兹哲学美学与当代建筑美学之间的关系问题，并以德勒兹哲学美学为工具，通过分析当代复杂的建筑现象及其形式语言所蕴含的美学问题，构建适应信息时代需求的建筑美学思想体系。

　　本书将研究视阈定为20世纪60年代，后工业社会转向至今60多年来，建筑在空间、结构、形态上表现出的趋于复杂化、差异化、多元化的现象和形式语言等蕴含的相关美学问题。在深入研究德勒兹哲学思想的精神内核、美学内涵以及创造学本质的基础上，试图建立其哲学美学与当代建筑美学之间的对话关系。通过深入挖掘、梳理德勒兹哲学美学四个基本理论，即时延电影理论、平滑空间理论、无器官的身体理论、动态生成论等美学意涵，对当代复杂建筑创作现象及其美学思想、审美特征、审美思维、审美观念、审美规则等进行分析，力图构建反映信息文明、科技文明和生态文明等时代特点以及适应社会发展方向的建筑美学思想体系，以期为当代建筑的审美解读提供有价值的参考。

在研究方法上，采用学科交叉的方法，以德勒兹的哲学美学视角来阐释当代多元、复杂的建筑现象及审美问题；客观解析当代建筑的美学思想及审美观念、审美思维的发展取向。在整体的研究过程中，采用宏观理论思考、中观思想提炼、微观案例分析相结合的研究方法。通过对德勒兹哲学美学思想的整理研究，运用德勒兹哲学美学中的非理性法、差异法、非逻辑法等对当代建筑创作现象的美学问题进行解读，以期找到解决当代复杂建筑审美问题的有效路径。

在研究内容上，通过对德勒兹哲学思想产生的动因、核心概念、精神纲领、美学内涵等的理论梳理，分别从时间、空间、身体、生态四个方面构建其哲学与建筑美学思想体系之间的系统关联。在德勒兹哲学与当代建筑相关的四个基本理论的基础上，建构德勒兹哲学与当代建筑美学思想体系之间的理论转换平台，提出了基于德勒兹哲学的四种建筑美学思想，即基于时延电影理论的"影像"建筑美学思想、基于平滑空间理论的"界域"建筑美学思想、基于无器官的身体理论的"通感"建筑美学思想、基于动态生成论的"中间领域"建筑美学思想。同时，在对当代大量建筑作品进行审美分析的基础上，对当代建筑审美中的新思维进行解析，对当代建筑的审美变异进行阐释。

目 录

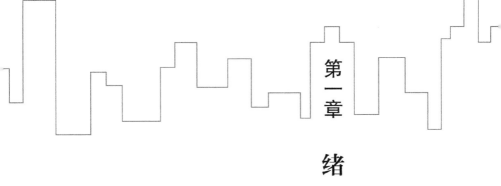

第一章

绪论

第一节　研究的背景与价值

一、研究背景

20世纪60年代，后工业社会背景下，科学领域应用模糊理论、涌现理论、拓扑理论等对自然界复杂现象进行研究，推翻了现代主义工具理性的思维模式；非理性主义在当代西方哲学领域得到发展，二元对立的简化思维模式转变为动态多元的哲学思潮。这些都对建筑创作带来了冲击，引发了当代建筑师对多元、动态、异质、复杂等建筑语汇及形式的探索。结合数字技术手段，建筑师改变了现代主义建筑抽象化、几何化的表现方式，转向了建筑形态的复杂化表达，当代建筑呈现出异彩纷呈、梦幻般新奇的视觉效果和动态、开放、自制、生成、非线性、柔软等的形式特点。这诸多复杂的形式背后隐含了建筑美学的时代转变，一方面，在美学思维上颠覆了人们对现代主义建筑总体性、工具理性、线性思维的美学认知，也推动了当代建筑审美思维从二元论向多元化、差异化转变的历史性变革；另一方面，带来了人们对建筑的审美观念、审美元素、审美范畴和审美规则上的根本改变。在这一过程中，吉尔·德勒兹（Gilles Deleuze）作为当代法国著名的哲学巨匠，其哲学的产生到成熟完善与后工业社会信息文明的产生与发展相对应，并具有生态文明的前瞻意识，为反映时代特征的当代建筑美学的生成及发展提供了哲学土壤，为当今日趋复杂化的建筑现象背后的建筑美学的归纳与总结，以及当代的建筑美学体系的系统建构奠定了哲学基础。德勒兹哲学的差异性、生成性、多元流变的思想及"时间晶体""平滑空间""无器官的身体"等一系列创造性的概念，以非确定性消解了西方理性哲学传统的确定性观念，表现出后人文主义非理性、非标准等的审美取向和"迭奏共振""异质平滑""异质共生"等的审美特征，为当代非线性、复杂性建筑的审美及审美意蕴解读提供了新视野，也为当代建筑美学多维思维的形成提供了认识论依据和哲学上的佐证。

（一）德勒兹哲学与建筑美学思想的关联

信息技术、复杂科学技术的发展，使高科技产品充斥着人们的生活，当今社会实现了由工业社会到信息社会的转型。与此同时，哲学界突破了二元对立的简化思维方式，实现了静态还原论世界观向动态多元论世界观的转变。其中以德勒兹哲学为代表的当代哲学开启了多元化、差异化的后结构主义哲学的发展方向，从而启发了人们对世界的新看法，人们的思维方式由传统哲学观的线性思维向当代哲学观的非线性思维转变（图1-1）。体现在建筑领域，当代的先锋建筑师们结合社会的变革和时代的变化积极地探索新时期建筑的发展方向，创造了大量复杂的、多元化的建筑作品。这些建筑作品一改以往工业社会建筑作为机械产品的理性主义和纯净美学的特点，呈现出信息社会建筑作为高科技产品的非理性、复杂、多元的形式特征。这使传统的建筑美学已经不能适应当代建筑的发展需求，时代呼唤新的建筑创作原则和新的美学思想的产生。

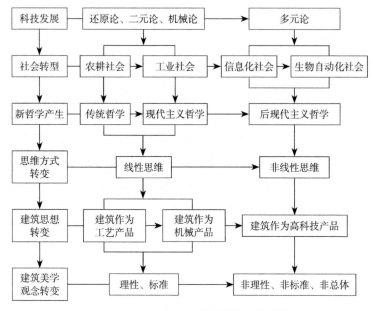

图1-1　哲学与建筑美学思想的关系示意图

　　吉尔·德勒兹作为当代法国著名的后结构主义哲学家，在哲学美学领域表现了极其原创的思想维度，具有哲学领域中的毕加索和"概念工厂"之称①。其哲学美学在复杂科学和信息社会背景下，通过对世界不规则、混沌、动态变化等特征的探索，形成的差异及流变的多元论哲学美学思想和非线性的思维方式，与当代建筑的复杂化、多元化发展趋向及差异化的创作思想，以及非理性、非标准的建筑美学发展取向相契合。德勒兹哲学对当代复杂、多元的建筑现象及其所蕴含的美学问题的解读，以及体现时代特征的建筑美学理论体系的构建提供了哲

---

① 麦永雄．德勒兹与当代性——西方后结构主义思潮研究 [M]．南宁：广西师范大学出版社，2007：2.

学依据和思想基础。

德勒兹哲学是关于生成的本体论，其思想中的差异与重复、生成与变化，深刻影响了当代建筑师的创作思想，推动了数码时代"非标准"建筑思想的产生。当代众多先锋建筑师将德勒兹的哲学概念转化为建筑创作的手法，使当代建筑呈现出复杂、差异、多元的建筑形式，颠覆了人们对现代主义纯净美学的审美标准。德勒兹流变美学思想中体现的异质性元素与环境的渗透和融合，"块茎"的多元体原则和异质性原则所表达的动态、多元、流变的审美图式；"界域"与环境之间变奏的迭奏曲中蕴含的审美意蕴；"无器官的身体"的感觉逻辑中的非理性的审美思维；"时间—影像"的非线性的时空逻辑都为当代建筑的复杂现象的审美解读提供了哲学美学的理论基础。

（二）德勒兹哲学与建筑创作的关联

德勒兹哲学与建筑创作之间的关联主要体现在当代的先锋建筑师将德勒兹创造性的哲学概念转化为建筑操作手法的设计实践。德勒兹哲学中的创造性概念和基本喻体，"块茎"、"游牧"、事件、时间影像、无器官的身体、界域、平滑空间……被当代诸多先锋建筑师应用到建筑创作中，与数字技术、参数化设计相结合，加强了建筑师对建筑生成过程的关注，实现了建筑形体和空间从静态到动态的转化。这改变了建筑师建筑创造的过程，使建筑不再是机械时代工具理性下作为建筑师思维结果的建筑，而转变为复杂科学技术、数字技术介入后各种环境因素影响下自治生成过程的建筑。同时，建筑师在设计过程中也更加关注人的身体体验，形成了"软建筑"的设计观念。我们可以从当代先锋建筑师的设计理论及作品中看出德勒兹哲学对建筑创作的直接或间接影响。如彼得·埃森曼根据德勒兹的图解思想构建了其建筑创造的"生成性"图解理论。埃森曼以某一原始的建筑结构形式为起点，通过一系列的分解、嫁接等逻辑性的操作，生成建筑造型形态的新的序列，实现了它对建筑形式自律的追求。它的住宅系列就是对图解理论的实践。本·范·伯克尔在德勒兹图解概念的基础上，将图解作为抽象机器，在建筑创作过程中通过图解的运作实现了建筑形式的增殖。图解在结合特定信息的基础上，根据自身的复杂性而展开运作，体现了建筑创作的极大的创造力[①]。屈米根据德勒兹事件的概念，将其运用到建筑设计中，创造了"事件"的建筑创作手法。屈米认为建筑的本质不是形态的构成，也不是功能，建筑的本质是事件[②]。格雷戈·林恩根据德勒兹"块茎"的概念提出了"泡状物理论"，创造了大量的建筑作品。受德勒兹影响的建筑师及其理论还包括卡尔·朱的"基因图解"理论，他指出，任何一个"变形球体"周围都存在着内外两个决定其形体变化的力场圈。如果相互接近的两个"变形球体"之间的距离接近外围力场圈，就会相互影响并发生变形，而当两个"变形球体"的间距进入内部力场圈时，它们就会融合成一个平滑的柔性形态，并且重新构成了新的几何体。两个球体的这种变性关系映射出建筑创作中对于复杂性的理解[③]。伯纳特·凯奇、卡尔·朱、伊东丰雄、妹岛和世、FOA等建筑师的设计观

---

① 李万林.当代非线性建筑形态设计研究[D].重庆大学，2008：94.

② 大师系列丛书编辑部.伯纳德·屈米的作品与思想[M].北京：中国电力出版社，2005：19.

③ 赵榕.当代西方建筑形式设计策略研究[D].东南大学，2005：104.

念也都受到了德勒兹的"图解""游牧""褶子"等概念的影响。另外，哈迪德、盖里、赛特事务所、蓝天组、荷兰的MVRD、NOX事务所、英国的LAB事务所、赫佐格和德莫隆、西班牙S-M.A.O事务所的众多建筑作品也都间接地受到了德勒兹哲学的影响，而创造了大量的非线性、折叠以及集群建构的建筑形式，这些崭新的建筑形式体现了极大的创造力和生命力，同时也呼唤了新的建筑美学思潮的到来。

（三）德勒兹哲学与建筑审美的关联

德勒兹的差异哲学与流变美学中蕴含的对时空、身体、生态等问题的思维逻辑为我们提供了审美世界的新视角，对当代建筑的审美提供了哲学美学的理论依据。其中，德勒兹哲学关于"时间影像"的概念让我们脱离了身体的运动感知模式，带来了线性时间的超越和非线性的时空逻辑，这为我们审美当代建筑的复杂时空关系提供了全新的影像视角和非线性、非理性的审美逻辑。德勒兹"平滑空间"理论中平滑空间异质生成、流体的运作模式，为我们展现了环境中多元异质元素互为融合、开放生成的审美图式，平滑空间中异质元素"游牧"式地、流动地循环往复，构成了表达性的质料和审美意境。"游牧"艺术从不事先准备质料，以使其随时接受某种强制的形式，而是用众多相关的特性构成内容的形式，构成表达的质料[①]。德勒兹"无器官的身体"理论中，身体突破一切机体组织界限的通感的感觉逻辑的生成，为我们建立了身体与建筑之

---

① 陈永国，编译. 游牧思想——吉尔·德勒兹，费利克斯·瓜塔里读本[M]. 长春：吉林人民出版社，2004：15.

间新的审美图式。德勒兹"块茎"的无意指断裂、异质性、多元体原则为从环境的宏观视角审美建筑与人类社会、自然生态之间的关系构建了动态的、多元的、流变的审美图式。总之，德勒兹哲学美学思想中蕴含的非理性、非逻辑、非标准的审美思维，为当代建筑非理性、非标准、非总体等的审美取向提供了哲学、美学的理论基础和思维原点。德勒兹哲学美学概念中所表现的"迭奏共振""异质平滑""感觉的逻辑""异质共生"等审美特征，为当代非线性、复杂性建筑的审美提供了新的视野，并为新的审美规则、美学理论体系的建构奠定了思想基础。德勒兹哲学为我们提供了在审美建筑多元异质性要素和环境之间关系及解读文式的思考，这也迎合了当代复杂多元的社会文化、自然生态与建筑文化的相互碰撞与发展。

（四）传统哲学思想对当代复杂建筑现象审美解读的局限

在高科技的影响下，当代建筑已经不再像工业社会的建筑那样表现出机械化、工具理性的形式特征，而转变为高科技产品式的建筑，表现为复杂、异质、多元、冲突、矛盾等形式特征，建筑形态特色鲜明、建筑形式纷繁芜杂，这些复杂的建筑现象在给人们带来新奇的视觉感受的同时，也造成了人们对当代建筑审美解读的困惑。社会的变革、时代的转变，使现代主义以来工业化社会背景下，以二元对立的主体性及以人类中心主义为核心的哲学体系已经很难再适应当代建筑的发展需求，更无法把握关于当代复杂建筑现象审美问题的解读。而德勒兹哲学思想和其创造性概念蕴含了对当今社会、科学、自然、生态等复杂现象的哲学思考。可以说，德勒兹的哲学是在对自然界和人类社会各种现象的客观规律的观察上建立起来的后结构主义哲学，其哲学突破了西方哲学二元对立的主体性，适应了当代复杂、多元的社会背景，以及复杂科学的发展方向；表现出差异与流变的生成性特性，为我们勾勒了一个关于时空、环境、生态等诸多问题多元流变的审美图式。这对当代复杂建筑现象的审美无疑具有思想的引领作用和理论的借鉴意义。

二、研究的目的

1.建立德勒兹哲学与当代建筑美学之间的系统关系。德勒兹的哲学思想与后工业社会背景相适应，其创造性的哲学概念深刻影响了当代先锋建筑师的创作思维，当代众多的先锋建筑师通过将德勒兹"时间晶体""块茎""褶子""游牧""无器官的身体""界域"等哲学概念进行建筑创作理论及建筑操作手法的转化，创造了大量的多元异质元素混合的、复杂的、异质的建筑设计作品。这些建筑作品特色鲜明，彻底地颠覆了现代主义以来的时空观和审美观。显而易见，传统建筑的崇高美学、现代主义建筑的纯净美学已经不能适应当代建筑异质多元的发展需要。因此，本书通过德勒兹哲学思想的建筑美学的理论转换，系统地建立德勒兹哲学与建筑美学之间的关系，从而对当代建筑发展过程中所呈现出的复杂的、多元的建筑现象进行美学维度的解析，以期建构出适应信息时代社会背景和当代建筑发展需要的建筑美学思想，并对建筑审美思维、审美标准的发展取向进行系统阐释。

2.以德勒兹哲学为视角解析当代复杂性建筑审美变异的趋向。德勒兹哲学对当代建筑师的创作思想产生了巨大的影响，推动了当代建筑复杂化、差异化、多元化的形式转变，使当代建筑迸射出前所未有的生命力，表现出多重含义、双重译码等形式语言特征，在建筑形态上也体现出断裂、回旋、混沌、震动、错置、纠缠等形式特征。这使现代主义建筑的对称、比例、均衡等形式原则已经不能适应当代建筑的审美需求。因此，本书在全面理解德勒兹哲学与当代建筑相关的审美观念嬗变的基础上，以德勒兹差异哲学与流变美学的思想为基础，对当代建筑复杂性发展趋向过程中所呈现出的建筑的形式、形态、空间的转变，及其带来的审美层面上的问题进行系统分析，对建筑审美观念的转变、审美元素的拓展、审美范畴的延伸、审美规则的颠覆进行系统阐释，以期获得对当代建筑复杂性现象背后审美变异的理论体系建构，进而解决当代复杂性建筑的审美困惑。

3. 以德勒兹哲学为视角透析当代建筑美学观念流变的思想本源，推衍与社会形态发展相契合的建筑美学体系。德勒兹哲学是在西方哲学非理性转向的过程中，在深入思考自然与社会现象的基础上发展而来的。其关于电影、空间、身体、生成论的哲学论断及其中蕴含的流变美学意蕴为当代复杂建筑现象的审美解读提供了时间、空间、身体、生态的多重视角，同时对当代建筑美学思想体系的建构提供了思维的框架。德勒兹哲学对当代建筑的影响，也推动了当代建筑美学观念的转变，使得当代建筑的审美观经历了从简单到复杂的拓展过程。当代建筑的审美倾向从现代主义建筑时期的理性思维、总体性思维、线性思维，向后结构主义时期的非理性思维、非总体性思维、非标准思维为主导的审美观转变。这一转变对当代建筑的时空观、形态观等方面都产生了深远的影响。因此，本书的目的之一就是以德勒兹差异与流变的美学思想为基础，以德勒兹电影、空间、身体、生成的理论为切入点，透析当代建筑美学观念的思想本源，解读当代复杂建筑现象与建筑审美的关系，完善当代对复杂建筑的审美认知，实现复杂科学技术背景下的建筑美学思想体系的建构。

三、研究的价值

德勒兹认为，哲学并不是探讨真理或关于真理的一门学问，而是一个自我指涉的过程。在他看来，哲学是创造概念的一个学科，从事哲学研究就是借助对概念的梳理、创造，重新审视世界，开创看待世界的新视角[①]。德勒兹哲学属于实用哲学，其目标不仅是以哲学的高度探求世界真理，更是期望通过创造概念、交叉各个学科之间的优势来解决社会的现实问题。德勒兹哲学产生的土壤及其发展方向与当代建筑的复杂化、多元化发展趋向之间具有与生俱来的亲缘性。以德勒兹哲学美学思想为视阈，看待当代建筑发展中的复杂现象及其审美问题，对于当代建筑审美思维的解析及美学体系的构建具有巨大的价值和意义。

（一）学术价值

1.为当代复杂科学背景下建筑美学观的发展与流变提供认识论依据。数字化技术在建筑创作过程中的应用，延伸了建筑

---

① 司露.电影影像：从运动到时间——德勒兹电影理论初探[D].华东师范大学，2009：1.

师对建筑形态及建筑形式构想的思维空间。建筑师通过对影响建筑形式的各种参变量因素的数字化模型的构建，使建筑复杂的、差异化的多样形态自然浮现。建筑的复杂化形态及其生成过程，打破了现代主义以来人们对建筑的盒式空间的审美认知，颠覆了人们原有的理性的、秩序性的审美观念。而德勒兹的哲学以差异哲学和多元流变美学为思想内核，其中蕴含的非理性、非总体、非标准等审美倾向，以及蕴含的"迭奏共振""异质平滑""官感融合""异质共生"等审美特征，为当代非线性、复杂性建筑的审美提供了认识论依据。为解读当代复杂性建筑空间及形态的深层审美意蕴的形成起到了引领思想的作用，并对当代建筑美学观的发展及建筑审美新思维的构建提供了认识论基础。

2.为当代建筑美学体系的建构提供思想上的借鉴。德勒兹哲学关于时间、空间、感觉的逻辑、生态等方面问题的思考，为适应社会形态变迁的建筑美学体系的更新与建构提供了思想上的借鉴。其电影理论从时间的视角构建了影像与思维之间的平等性关系，诠释了一种影像信息的全新解读方式和非线性的时间观念，为光电子时代研究"影像"建筑美学奠定了理论基础；其基于"界域""块茎""褶子""游牧"等概念的平滑空间的运行机制，为当代复杂的建筑空间及形式审美解读提供了思维方向；其关于感觉的逻辑的探讨，构建了一个身体与内、外环境开放的关联图式，为后工业社会数字技术背景下重新审美身体与建筑空间的关系提供了思维的原点；其动态生成论的"中间领域"的视角为生命时代的建筑空间及形式审美提供了一个新的视阈。

3.丰富德勒兹哲学思想的应用体系，拓展当代建筑美学的理论范畴。德勒兹的哲学思想涉猎范围广阔，包括文学、绘画、艺术、电影、政治经济学、医学等领域，其哲学本身就具有开放性和多元性的特点。德勒兹哲学思想及其基本理论、概念向建筑领域的延伸，本身就是对德勒兹哲学思想应用体系的丰富，而以德勒兹哲学美学的理论来解决当代建筑复杂现象的美学困惑，无疑为当代建筑美学的发展方向提供了一条全新的路径。同时，也为我们提供了审美建筑诸要素和社会人文、自然生态等事物之间关系再思考的理论基础，拓展了当代建筑美学的理论范围。

（二）应用价值

1. 对当代建筑审美解读具有指导意义。从工业社会向信息社会变革的过程中，建筑经历了结构主义、解构主义、后结构主义的发展过程。建筑的表现形式及操作手法也经历了从"理性建构""解构"到"生成"的变化过程。数字技术、复杂科学的发展使当代建筑呈现出复杂、多元、异质等面貌。人们在感受复杂建筑形态所带来的视觉冲击之余，也产生了对当代复杂建筑现象解读及审美的困惑。显而易见，以二元对立的主体性及人类中心主义为核心的传统哲学和美学体系，已经很难认识和把握当今建筑的复杂性趋势。而德勒兹的差异哲学和流变美学中的时空观、身体观、生态观拓宽了当代建筑的审美视阈，对复杂建筑的审美解读具有指导意义。

2. 丰富当代建筑美学体系、拓展当代建筑美学新思维。本书通过对德勒兹哲学思想中与建筑理论相关的思想及理论的梳理与解读，推演了当代建筑美学的时间观、空间观、身体观、生态观。通过对德勒兹电影理论、空间理论、身体理论、生成论的借鉴与转化，提出并构建了当代建筑的"影像"建筑美学、"界域"建筑美学、"通感"建筑美学、"中间领域"建筑美学思想，适应了当代建筑审美的发展趋向，丰富了当代建筑美学体系。同时也为当代建筑后结构主义转向中的建筑审美提供了审美思维的新视野。

3. 为适应当代特征的建筑审美提供新标准。当代建筑在复杂科学、数字技术和哲学思潮的影响下，呈现出复杂、异质、多元、动态、开放、非线性、柔软等信息社会特色鲜明的时代特征，在形态上和空间形式上与工业社会的建筑形成鲜明的对比。新的建筑的形式、形态的产生必然随之带来审美观念的转换、审美元素的拓展、审美范畴的延伸，以及对原有审美规则的颠覆。德勒兹的差异哲学与流变美学思想为探索这些建筑审美的新趋势及新的审美标准的产生提供了哲学上的佐证。

第二节　国内外相关理论研究现状

一、德勒兹哲学思想研究现状及评述

德勒兹是法国当代后结构主义思想家，因其思想的开放性与普适性而在国内外诸多领域备受关注。德勒兹本人撰写的外文（英文、法文）著作约14部（其中主要著作皆有英译本），具有代表性的见表1-1，德勒兹的著作诠释了其哲学介入世界的方式。德勒兹的哲学思想广袤无垠，其著作涉猎范围广泛，包括哲学、美学、电影、绘画、政治、文学等领域。在著作中，他通过创造概念，致力于不同领域之间新的潜能的挖掘，

表现了他多元、开放的非线性的思维模式，同时也表现了其哲学的应用性。

德勒兹代表性著作　　　　　表1-1

作者	著作	出版机构	年份
Gilles Deleuze	*Cinema 1：the Movement-image*	Minnesota University Press	1989
Gilles Deleuze	*The Logic of Sense*	Columbia University Press	1990
Gilles Deleuze	*Cinema 2：the Time-image*	Minnesota University Press	1992
Gilles Deleuze，Felix Guattari	*What is Philosophy?*	Columbia University Press	1995
Gilles Deleuze，Felix Guattari	*A Thousand Plateaus：Capitalism and Schizophrenia*	Minnesota University Press	2000

关于德勒兹的哲学，国内学术界主要将目光集中于德勒兹哲学、电影理论、政治学和文学等著作的研究上。近年来，随着国内学术界对德勒兹哲学思想研究热度的升温，关于其电影理论、文学理论、政治学理论等方面的应用研究逐年增多，研究成果也有所突破。目前在国内学术界，对于德勒兹思想的研究主要包括对其著作的译介、对其思想的解读和评价等方面。国内关于其著作的中文译本主要有：2001年出版的《福柯·褶子》(于奇智、杨洁译)，书中分为两部分，分别介绍了福柯的理论及德勒兹的"褶子"思想，其中也阐释了"褶子"的美学特征及其在运动过程中的美学意义。2004年出版的《时间—影像》(谢强等译)，是德勒兹关于电影方面的论著，书中德勒兹阐述了时间影像的纯视听情境和非线性的影像思维方式，为我们审美和理解影像提供了一个全新的视角。2006年出版的《德勒兹论福柯》(杨凯麟译)，书中德勒兹用其特有的

叠层、褶皱、特异性、多样性、域内域外等概念，将福柯的思想深邃地表达出来，并将其进行了德勒兹式的升华，因此这本书也是了解德勒兹思想的一个重要窗口。2007年出版的《什么是哲学》（张祖建译），是德勒兹的最后一本专著，论述了哲学创造概念的本质。2007年出版的《弗兰西斯·培根：感觉的逻辑》（董强译），通过对培根作品为何能够直接诉诸观者的直觉而产生的运动感和力量的分析，德勒兹厘清了"感觉的逻辑"，同时也将人们带入了一个混沌的而非秩序的美学世界。2008年出版的《普鲁斯特与符号》（姜宇辉译），通过文学作品德勒兹分析了符号的产生、生产及增殖的过程，体现出其差异哲学及流变美学思想。2010年出版的《资本主义与精神分裂（卷2）：千高原》（姜宇辉译），这部书通过引用地理学中"原"的概念，将艺术、生物学、地理学、人类学、文学、音乐、政治等学科关联在一起，构建了德勒兹哲学美学开放、多元的交织网络。其中也蕴含了德勒兹对美学问题的关注。

关于德勒兹思想解读和评价方面的著作主要有：2003年出版的《游牧思想》（陈永国编译），在论述德勒兹思想要略的接触上，从重复与差异的思想入手，阐述了德勒兹的游牧思想。2007年出版的《德勒兹身体美学研究》（姜宇辉著），以"身体问题"和"美学向度"为出发点，向我们阐释了身体意象、感觉的逻辑、审美经验等问题，构建了当代语境中的身体美学。2007年出版的《德勒兹与当代性——西方后结构主义思潮研究》（麦永雄著），书中关于德勒兹哲学美学思想当代性价值与意义的述评，为我们在当代的语境中理解德勒兹差异哲学与"游牧"美学及其创造性的哲学概念提供了整体的框架。2010年出版的《哲学的客体：德勒兹读本》（陈永国、尹晶主编）也为我们阐释了德勒兹哲学美学思想的主旨要义。

此外，还有一些关于德勒兹哲学美学思想解读与评述方面的研究生论文及期刊文章分别是：潘于旭的博士论文《反同一性逻辑的生成性存在：德勒兹〈差异与重复〉》(2006)，贾福生的博士论文《流动中的生命——德勒兹内在性理论及对于文学解释的初步研究》(2005)，华东师范大学司露的硕士论文《电影影像：从运动到时间——德勒兹电影理论初探》(2009)，浙江大学胡新宇的硕士论文《德勒兹的"感性美学"初探》(2008)，中央美术学院张晨的博士论文《身体·空间·时间——德勒兹艺术理论研究》(2016)；期刊文章包括姜宇辉的《感觉的双重意义——德勒兹美学的一种诠释》(《求是学刊》2004，3)，陈永国的《德勒兹思想要略》(《外国文学》2004，7)，栾栋的《德勒兹及其哲学创造》(《世界哲学》2006，4)，麦永雄的《光滑空间与块茎思维——德勒兹的数字媒介诗学》(《文艺研究》2007，12)，韩桂玲的《后现代主义创作观：德勒兹的"褶子论"及其评述》(《晋阳学刊》2009，6)，《吉尔·德勒兹身体创造学的一个视角》(《学术论坛理论月刊》2010，2)，李坤的《德勒兹身体美学与艺术叙事范式》(《贵州大学学报·艺术版》2015，3)，张晨的《德勒兹空间艺术理论研究》(《世界艺术》2017，2)等，他们从时间、空间、身体等视角对德勒兹美学的相关问题进行了论述与阐释，为本书关于德勒兹哲学美学的梳理与进一步深入研究奠定了基础。

近年来，关于德勒兹哲学美学思想的各个学科领域的应用研究主要体现在一些研究生论文和期刊论文中。代表性的成果主要有：陕西师范大学李超的硕士论文《装置与历史——以福柯、德勒兹论绘画为例》(2015)，南京艺术学院曹家慧的硕士学位论文《德勒兹"界域—解域"的艺术生成论》(2017)，南京师范大学邢志勇的硕士学位论文《块茎思维与游牧空间——德勒兹非理性主义认识论研究》(2018)；期刊论文包括程毅的《超越经验性审美：以当代视觉艺术为视角》(《艺术研究》2015，7)，李坤的《从有机叙事到非有机叙事——吉尔·德勒兹美学视阈下艺术叙事新探》(《海南大学学报人文社会科学版》2015，5)，康有金、潘怡泓的《德勒兹哲学之解辖域化与电影艺术》(《电影文学》2018，11)等从德勒兹美学的视角论述了当代文学、电影等艺术领域的美学问题。

从20世纪90年代以来，国外出现了研究德勒兹的大量成果，主要包含两大种类。一类是对德勒兹思想导论式的介绍，其中与美学思想相关的著作主要包括2005年出版的《德勒兹词典》(The Deleuze Dictionary，2005)，清晰地介绍了德勒兹哲学关于"生成""无器官的身体""差异化""游牧"等概念。2001年出版的Gary Genosko主编的三卷本《德勒兹与加塔利：一流哲学家评价》(Deleuze and Guattari：Critical Assessment of Leading philosophers，2001)2002年出版的《解读德勒兹》(Understanding Deleuze，2002)分别对德勒兹的欲望机器、知觉、时间、电影等概念和思想作了清晰的解读。2009年出版的《德勒兹的哲学传承》(Deleuze's Philosophical Lineage，2009)以差异为视角对德勒兹的"游牧""块茎"等核心思想进行挖掘，旨在建立德勒兹哲学美学研究的体系。

另一类是关于德勒兹哲学美学思想的论著，以不同的视角审视当代不同领域的哲学美学问题。代表性的论著有：《德勒兹论电影》(Deleuze on Cinema，2003)，是关于德勒兹电影理论的注释和解读，其中"时间—影像"的非线性的影像逻辑为我们提供了理解时空关系的新视角和审美影像的全新的影像逻辑。《德勒兹与哲学》（Deleuze and Philosophy，2006），对德勒兹哲学、美学观念进行论述，并将其理论采借到人文领域。《德勒兹，交替状态与电影》（Deleuze，Altered States and Film，2007），从1981年的电影《变形博士》（Altered States）入手来探讨电影的交替状态。作者运用德勒兹的电影哲学及其与瓜塔里在精神分析方面的调查，完成了一个独特的电影交替状态的实验，并结合"混沌理论"和"分形理论"预示了移动影像、分形影像等数字技术未来发展的方向，为我们建构了一个影像的混沌、无序的审美新秩序。《德勒兹之路》（Deleuze's Way，2007）以德勒兹哲学美学为视角，深入分析了文学、音乐、电影等艺术问题及其伦理维度，建立了艺术美学与伦理问题之间的关联。并构建了各个艺术领域互为生成、互相作用的、开放的艺术文化平台。《与德勒兹、瓜塔里一起思考环境》（Thinking Environments with Deleuze and Guattari，2008），以德勒兹与瓜塔里关于生态问题的研究为视角，从文化动力安排与自然力量谈判的角度思考环境问题，突破了文化建构主义和生物决定论的视角，为我们提供了再审美生态问题的全新视角。《德勒兹与纪念文化》（Deleuze and Memorial Culture，2008）以德勒兹关于欲望生产和独特记忆的方法论为基础，从时间和空间的维度，运用记忆思维，对社会生活领域的文化生产进行分析，建立了纪念性文化的历史，阐述了文化的纪念性审美意义。《德勒兹与新技术》（Deleuze and New Technology，2009）将德勒兹的"块茎"运作模式应用于新媒体领域，阐明了"块茎，平滑空间，战争机器和新媒体"这些概念对今天新媒体技术产生的影响，其中也以德勒兹这些创造性的概念为视角，阐述了在新技术影响下的当今社会人们审美经验的变化。《德勒兹与表演》(Deleuze and Performance, 2009) 分别从实践者、现场表演、新媒体和数字实践表演三个方面解读了德勒兹关于戏剧艺术方面的理论，以及其理论在艺术领域的延伸。此外，《德勒兹与环境》(Deleuze and Environment, 2006)、《德勒兹与美学》(Deleuze and aesthetics, 2005) 等论著，分别运用德勒兹哲学美学思想阐述了当今社会的环境问题和美学理论新的发展方向。另外，国外关于德勒兹思想的论述还出现在一些期刊文章中，如《影像：德勒兹，柏格森与电影》《分类表如同蒙太奇》《晶体—影像：活化隐喻还是去隐喻》《德勒兹〈电影1〉中的"运动影像"》《德勒兹美学思想述论》等，大多集中于对德勒兹电影理论及其美学思想的探讨和研究上。

从德勒兹著作的研究内容和国内外学者对其思想的研究、解读、评述及在各个学科领域的应用中可以看出，德勒兹哲学美学思想在总结前人的基础上，就像千座高原一样，将哲学的触角探触到文学、电影、绘画、精神分析、环境、地理、政治等多个学科领域，在汲取其精华的基础上，丰富和拓展了他的哲学概念和美学思想。德勒兹的哲学美学思想涵盖了他对自然、社会等现象的深入考察和美学层面的理论凝练与升华，他的哲学体现出了极大的应用性特征。他的哲学美学思想中所包含的关于时间、空间、影像及身体感知等方面问题的新视角和新观点及其思想中蕴含的美学思维和审美经验，以及国内外学者关于这些问题在各艺术领域的应用研究，都为解读、分析、阐释当代建筑复杂现象及其美学发展取向、美学观念、审美思维等问题提供了崭新的思维空间和哲学美学的理论基础。

首先，德勒兹的电影理论中关于时间影像的研究，通过电影中感知运动模式的突破，将人们带入影像的纯视听情境，构建了非线性的影像思维逻辑和影像与思维之间的平等性关系，诠释了一种影像信息的全新审美解读方式和非线性的时间观念，这为我们在光电子时代的背景下，研究"影像"建筑及其中蕴含的新的美学思想奠定了哲学美学的理论基础。德勒兹通过将各个学科领域的概念进行哲学视角的重新解读，创造了大量的概念，构建了其哲学概念无限交织的内在性平面和哲学思想体系。其中，"界域""平滑空间"等概念及其运行机制和表现形式体现了德勒兹对空间的阅读，映射了其空间审美的全新视角，为当代复杂建筑空间关系和建筑形式的审美解读提供了可借鉴的理论模型；"块茎""褶子""游牧"等概念及其在环境中的生成机制，为我们展示了大地环境运行的动态流变的迭奏曲，为解读生命时代的建筑与环境之间关系及其美学意涵提供了哲学美学思维的依据。德勒兹思想论著中关于"感觉逻辑"的探讨以及"无器官的身体"概念的阐释，厘清了"身体""突破机体的感官""感觉和感知"与"形象"之间的关系问题，构建了一个身体与内、外环境开放的关联图式，为数字技术背景下重新解读身体在建筑空间中的审美感知与体验提供了思维的原点，为以"身体"与"感知"为核心的建筑空间审美解读提供了理论基础。

其次，国内外学者关于德勒兹哲学美学及其各个领域的应用方面的研究成果，也为我们当代建筑美学思想体系的建构提供了可借鉴的研究方法和理论基础。例如运用德勒兹的"块茎""生成""游牧"等概念研究环境问题，为我们建构了认识环境问题的新视角；运用"块茎"的运作模式、"平滑空间"等研究新媒体技术问题，为我们提供了各个学科领域交叉研究的新思维；关于德勒兹电影理论及时间概念的深入研究，为我们建构影像建筑美学提供了可借鉴的研究方法；关于德勒兹"无器官的身体""差异化""生成"等概念的深入解读等，为我们研究当代建筑空间认知与身体审美体验等关系问题提供了可参考的研究方法和理论借鉴。

二、德勒兹哲学与相关建筑理论研究现状及评述

近年来，随着德勒兹哲学在各个学科领域中影响力的提升，各个学科领域也越来越重视德勒兹哲学的应用及理论转换的总结。在建筑领域，国内的学者已经开始逐渐关注到德勒兹哲学对当代建筑创作的影响，并逐步在理论层面展开探讨。但是目前，关于德勒兹哲学视阈下探讨建筑创作及建筑美学理论方面的著作还处于空白。从已发表的学术论文中可以看出，德勒兹哲学思想中的美学思想及感觉理论对于当代建筑美学思想及理论体系的影响还缺乏研究和探讨，在对于当代建筑后现代转向过程中所带来的审美思维方式与表达方式转变的哲学思考也缺乏足够的关注和深入的、系统的思考与分析。这与建筑实用学科的属性以及大多数建筑师更关注建筑实践有关。而德勒兹的哲学美学理论对于当代建筑美学思想的梳理与总结提供了系统的理论框架，对于当代建筑审美新思维的形成起到了引领思想的作用。

国内德勒兹哲学与建筑理论的相关研究主要体现在德勒兹哲学概念对建筑的参数化设计及建筑复杂形态生成的操作途径等方面的探讨。而对于当代建筑设计及复杂形态背后的建筑美学及审美思维、审美观念的变化还没有深入地思考，并且没

有形成理论体系。这些探讨主要体现在一些建筑学的研究生论文和一些期刊文章中。其中研究生论文主要包括:《数码时代"非标准"建筑思想的产生与发展》(田宏,清华大学硕士论文,2005)指出了德勒兹哲学观对数码时代"非标准"建筑及理论形成的推动作用,并用具体的建筑实例论述了德勒兹"褶子""图解""生成""条纹"与"平滑"等概念及思想对当代建筑的影响。《格雷戈·林恩(Greg Lynn)的数字设计研究》(王立明,东南大学硕士论文,2006)通过格雷戈·林恩关于"折叠""滴状物""动画形态""复杂"等理论和建筑实践的探讨,论述了他的建筑设计及理论与德勒兹哲学之间的关系。林恩通过数字化的建筑实践实现了复杂的建筑空间形式,带来了建筑新的美学形式[1]。《当代建筑中折叠的发生与发展》(高天,同济大学硕士学位论文,2007)以德勒兹的"褶子"理论为基础,探讨了折叠在建筑空间及形式操作中的作用,也向我们展示了折叠的复杂建筑形态。《图解,图解建筑和图解建筑师》(李光前,同济大学硕士论文,2008)论述了德勒兹的图解概念在建筑设计中的运用,通过图解的增殖逻辑实现了建筑形体的多样、复杂的变化。《数字图解——图解作为"抽象机器"在建筑设计中的应用》(陶晓晨,清华大学硕士学位论文,2008)阐述了德勒兹生成性图解在建筑创作中的应用。《非线性语汇下的建筑形态生成研究》(李昕,湖南大学硕士论文,2009)论述了德勒兹哲学在数码时代建筑形态由线性向非线性转变过程中的作用,德勒兹"折叠""平滑"等概念为非线性建筑师提供了

---

[1] Greg Lynn. Folding in Architecture[M]. Philadelphia: University of Pennsyluania, 2003.

建筑形态生成的操作方法。《非线性建筑的参数化设计及其建造研究》(尹志伟,清华大学硕士学位论文,2009)论述了德勒兹的复杂性、涌现理论是非线性建筑哲学的基础,同时指出德勒兹的"平滑""褶子""图解""生成"等概念直接给非线性建筑提供了形体创造的操作手法。《当代复杂性建筑形态设计研究》(张向宁,哈尔滨工业大学博士学位论文,2009)论述了德勒兹哲学"褶子""平滑""图解""生成"等基本概念与复杂建筑形态逻辑构成之间的转换方法,揭示了复杂性建筑形态的"涌现建构、拓扑化变形、参数化设计"的规律。《基于德勒兹哲学的当代建筑创作思想研究》(刘杨,哈尔滨工业大学博士学位论文,2013)基于德勒兹时间影像、平滑空间、无器官的身体、动态生成论四个基本理论构建了当代建筑创作的影像建筑思想、界域建筑思想、通感建筑思想和中间领域建筑思想,系统地建构了德勒兹哲学与当代建筑创作之间的关系。《基于德勒兹哲学的当代建筑复杂性形态探究》(李晓梅,湖南大学硕士学位论文,2016)论述了德勒兹"褶子""图解""游牧"概念与当代建筑复杂性建筑形态的关系。《德勒兹〈时间—影像〉对空间设计的启示研究》(丁晨,南京艺术学院硕士学位论文,2020)基于德勒兹"时间—影像"理论,从"锥形时间尖点"的图像转译、"线性空间层次"的空间体验、"演艺空间逻辑"的形态建构为切入点,呈现《歌剧魅影》实验性演艺空间建构。

此外,德勒兹哲学与建筑相关的研究成果还体现在一些期刊文章中,代表性的主要包括:虞刚的《凝视折叠》(《建筑师》2003,12)、《图解的力量——阅读格雷格·林恩的〈形式表达——建筑设计中图解的原功能潜力〉》(《建筑师》2004,8)、

《图解》(《世界建筑》2005，5)、《软建筑》(《建筑师》2005，12)，徐卫国的《非线性建筑设计》(《建筑学报》2005，12)、《褶子思想，游牧空间——关于非线性建筑参数化设计的访谈》(《世界建筑》2009，8)，李暄的《生成的视阈：从哲学理论到建筑创作》(《建筑与文化》2018，4)，车冉、王绍森的《环境叙事下的游牧空间在建筑创作中的演绎——以宁波宁亿生活美学馆概念设计为例》(《当代建筑》2021，5)，王思雨、邓庆坦的《从几何折叠到自然褶皱——当代解构建筑的复杂形态演变解析》(《中外建筑》2021，12)等。这些文章都体现了德勒兹哲学对当代建筑创作的影响，但是对于当代这些建筑作品所传达的潜在的美学和思想的力量的挖掘还不够深入，德勒兹哲学对当代建筑的影响不仅是体现在建筑形态的外像上，更有审美这一无形的潜在力量需要进一步深入探究。

国外建筑界对于德勒兹哲学的研究和应用，在理论和实践中都取得了比国内更为丰富的成果。其中包括了当代一些先锋建筑师以德勒兹哲学为基础的建筑创新理论和他们的实践作品。例如，格雷戈·林恩在德勒兹"块茎"思想的基础上创作了泡状物理论，以德勒兹的"褶子"思想为基础创造了折叠理论；彼得·埃森曼在德勒兹图解的思想基础上创造了图解建筑的理论及操作方法。运用德勒兹哲学的相关理论来探讨建筑问题的理论著作主要包括：法国建筑师伯纳德·凯什的《地球的移动：领土的陈设》(Earth Moves: The Furnishing of Territories，1995)运用德勒兹的褶皱概念来探讨建筑与内外环境的关系。室内外环境、家具、建筑与地理环境之间的关系就如同褶皱的动态变化，在折叠中表达了内外空间之间的关系。建筑就如同是地壳运动打褶的影像，它的变化决定了城市的肌理。格雷戈·林恩的《折叠、实体和滴状物：论文集》（Folds，bodies&blob：Collected Essayss. 1998），使林恩基于德勒兹"块茎"和"褶子"理论的折叠建筑理论与实践。《建筑实验室》（Architectural Laboratories，2003）介绍了林恩关于折叠、动态建筑形态及造型等的数字建筑实验及作品实践。《复杂》（Intricacy，2003），介绍了林恩关于折叠思考的计算技术层面的建筑实践。《建筑之折叠，修订版》（Folding in Architecture，Revised Edition，2004），总结并论述了林恩的折叠建筑的思想与实践。彼得·埃森曼2000年编著的《图解日志》（Piagram Diaries），将德勒兹图解的概念转化为图解建筑理论及操作手法，并进行了大量的建筑实践。《德勒兹与空间》（Deleuze and Space，2005），通过运用德勒兹的平滑与条纹、游牧与栖居、解辖域化与再辖域化等空间概念，对建筑、电影、城市规划等空间问题进行多元的思考与解读。《空间、地理和美学：从康德到德勒兹》（Space，Geometry and Aesthetic：Through Kant and Towards Deleuze，2008），该书是关于被忽视的传统审美几何本体论的哲学建构，通过对康德、柏格森、胡塞尔、德勒兹的哲学美学观念的研究，探索几何思维的发展。并从思维直觉、感觉直觉、技术和美学活动等方面对纯粹理性几何进行批判，最终完成了几何形式的审美感官体验和审美行为的建设。为建筑学科的超越几何理性空间审美模式的建构提供新视角，为当代复杂建筑的美学体系的建构提供了理论基础。《德勒兹和瓜塔里写给建筑师》（Deleuze & Guattari for Architects，2007）将德勒兹和瓜塔里的抽象机器、内在性、身体、游牧等思想应用于建筑、地球和领土，建筑及景观，城市与环境之间的关系研究，并结合林恩等先锋建筑师的实践，论述德勒兹哲学与当代建筑的密切关系。《混沌，领土，艺术：德勒兹和地球影像》（Chaos，Territory，Art：Deleuze and the Framing of the Earth，2008），该书以德勒兹的哲学为依据，将时间、空间、物质性的力重新组合，进行艺术和建筑创作研究，为我们从时空与环境的宏观视角审视当代建筑的审美问题提供了理论依据。《建筑的主观自由性》（Architecture for a Free Subjectivity，2011）通过探讨德勒兹和瓜塔里的哲学，明确表达了建筑作为非个人视角的自由性特权，并通过美国和日本的先锋设计师的实践进行了论证，为我们提供了一个审美建筑的不同的视角。

上述国外建筑师在建筑理论和实践中对德勒兹哲学的应用与转化，及其关于建筑形态、生成过程中的相关美学问题的探讨，为基于德勒兹哲学的当代建筑美学思想体系的构建提供了依据，其中大量的先锋建筑师的实践为我们研究当代建筑美学问题提供了大量的建筑实例。伯纳德·凯什、格雷戈·林恩等建筑师关于"褶子""复杂"等哲学概念的建筑理论转化及其大量的折叠建筑的实践为本书"界域"建筑美学思想的构建提供了理论依据和建筑实例；格雷戈·林恩、彼得·埃森曼等建筑师关于德勒兹"块茎"思想在建筑创作中的应用，为"中间领域"建筑美学思想的构建提供了创作思想及美学观念的有益借鉴。同时，一些先锋建筑师以时间、空间、影像、身体等视角对德勒兹哲学的建筑学解读，及其建筑、景观、城市设计的创作实践为本书影像建筑美学思想、通感建筑美学思想和中间领域建筑美学思想的构建提供了可借鉴的研究基础。

国外建筑领域关于德勒兹哲学的研究还体现在一些学

位论文和期刊文章中，分别涉及了德勒兹哲学关于空间、影像、身体等理论在建筑领域的探讨，这为本书以德勒兹哲学为基础构建当代建筑美学的思想体系提供了研究的基础。代表性的论文包括：马萨诸塞工程学院建筑科学研究的硕士论文《参数化设计——一种形式的转变》(Parametric Design–a Paradigm Shift, 2004)，该论文论述了信息社会背景下对事物多样化需求所带来的当代建筑的参数化设计趋势及建筑形式的多样性、复杂化转变，为分析当代建筑现象的复杂现象及新的美学体系的建立提供了大量的建筑实例。哈佛大学设计学院硕士论文《非线性建筑设计过程》(Non-Linear Architectural Design Process, 2008)，文章通过大量的建筑实例阐述了建筑设计的非线和多线的设计方法及过程，从空间的异质性和多样性的视角为德勒兹哲学空间理论在建筑创作中的应用提供了支撑，同时为当代复杂建筑空间美学的构建奠定了理论基础。期刊文章《体验建构空间：情感与运动》(Experiencing Build Space：Affect and Movement, 2010) 文章以德勒兹"无器官的身体"概念为基础，探讨了"身体体验"在构建空间中的意义及与情感维度的关联，"体验通过主观的意义，寻找到了情感维度的空间"。文章指出"德勒兹的身体理论为我们提供了一个认知、体验建筑空间的新方式，由此带来了建筑师关于空间体验传统观念的重新思考"。为我们以身体体验维度的建筑美学思想的建构提供了研究的基础。《场景：共同演化，自治与混合现实》(Scenario：Co-Evolution, Shared Autonomy and Mixed Reality)，这是关于新南威尔士大学影像研究中心场景项目的一项研究报告。这一项目是基于计算机语言、交互式叙事、新媒体艺术和场景制造混合现实环境等跨学科领域的一项研究，通过场景建筑艺术和技术方面的探讨，阐述了通过"协同进化"技术而构建的空间中人的行为和数字化角色方面的交互式关系。而这一关系构建的基础理论就是基于德勒兹"无器官的身体"的概念，并以此为基础建立了项目研究的相应理论框架。报告指出，"集合是由部分组成的，但又不仅是部分的集合，就如同一个人的身体，不仅是各器官的集合，而是由各器官之间的相互作用构成的。而场景就是这样一个由交互混合的真实和虚拟空间构成的，是由使用者的潜在行为和数字化角色组成的集合"。《数字形态发生》(Digital Morphogenesis，2000)，《数字形态发生和算法建筑》(Digital Morphogenesis and Computational Architectures，2003)，基于拓扑空间、同构曲面、运动学和动力学、Keyshape动画、参数设计、遗传算法、NURBS曲面等复杂科学和数字技术背景，对当代建筑创作的发展趋向进行了阐释，为基于德勒兹哲学时间、空间等理论下的复杂建筑的审美解读提供了例证。《混沌，领土，艺术.德勒兹和地球的影像》(Chaos, Territory, Art. Deleuze and the Framing of the Earth，2006)，以德勒兹平滑空间理论中"界域"运作为视角，阐释了建筑艺术与地球运动影像的关系。文章指出，"根据德勒兹的理论，建筑的生成过程实际上是地球空间组织运作过程的外在延伸"，从领土、建筑艺术的宏观视角解读了建筑与领域环境的关系，同时也为我们审美当代建筑提供了环境的宏观视角。此外《涌现——蚂蚁、大脑、城市和软件》(Emergence — the connected lives of ants, brains, cities, and software，2001)，《建筑的曲线性》(Architectural Curvilinearity，2001)，《再生玩具——林恩的形式》(Recycled Toy Furniture — Greg Lynn FORM，2009)探讨了当代建筑作品的复杂性与差异化的发展取向，延伸了当代建筑作品的表现形式，《建筑与环境之间的体验：新雅典卫城博物馆》(Experience in-between architecture and context: the New Acropolis Museum, Athens, 2012) 以德勒兹"质料"的概念探讨了一栋建筑的语境和所处的环境如何能够被理解为特征鲜明的质料，并具有突出的美学特征，《建筑与城市空间规划的艺术与美学的构成与演化》(Artistic and Aesthetic Formation and Evolution of Architectural and Urban Planning, 2019) 从城市意象的语境阐明了复杂建筑的开放形态与城市间的关系，开启了当代建筑美学的新时代。

另外，国外一些先锋建筑师的建筑作品集中，大量的创新形式的建筑作品展现了德勒兹哲学对当代建筑的影响，同时这些复杂的建筑作品对本书基于德勒兹哲学的建筑美学思想、美学新思维以及建筑审美特征的当代理论研究与分析起到了实例的支撑作用，其中与本书相关并具有代表性的著作包括：《终结图像》(After Images, 2007)，该书介绍了UN工作室 (UNStudio) 在当今这样一个到处充满图像的信息社会里，将图像、时间、空间、建筑关连在一起的建筑设计实践。为本书的"影像"建筑美学思想的研究提供了大量的建筑实例。《数字建构：折叠·织造·覆层》(AED-Ammar Eloueini, 2008)，该书介绍了法国当代先锋建筑师艾玛尔·埃洛因尼 (Ammar Eloueini) 基于数字技术的折叠建筑实践，为本书研究"界域"建筑美学思想中折叠建筑空间形式的审美解读提供了例证。《信息生物建筑》(Archibiotic, 2008) 介绍了法国当代建筑师文森特·卡尔伯特 (Vincent Callebaut) 在全球生态危机、重视生物多样性背景下，关于生态建筑的智能性、交互性创新实践以及人与自然、身体与心灵交互式、生长性的未来生态都市的构想，为本书的"中间领域"建筑美学思想的建立提供了理论和实践基础。《EVOLO摩天楼》（EVOLO Skyscrapers，2012）介绍了始于2006年世界最具权威性的高楼建筑比赛"EVOLO摩天楼比赛"中来自168个国家的4000项设计作品，这些设计作品从全球化、灵活性、适应性、数字革命、生态平衡、社会问题等多层面对当代的建筑发展方向进行了实验性的探讨，激发了人们关于未来的城市发展和新的生活方式的思考，为本书基于德勒兹生成论视角的"中间领域"建筑美学思想的构建提供了大量的例证。

第三节　研究的对象与方法

一、研究对象

本书将研究视阈定为受德勒兹哲学影响的当代建筑创作现象以及由此引发的建筑审美思维、美学思潮、美学观念的转变。研究对象相应地包含两个方面：

第一，其一，研究从20世纪60年代后工业社会转向至今的60年来，建筑在空间、结构、形态上表现出的趋于复杂化、差异化、多元化的现象及审美流变。20世纪60年代，进入后工业社会，信息革命带来了计算机操控机器的生产方式的转变，使建筑的复杂性形态的出现成为可能，建筑突破了建立在欧式几何基础上的功能或空间的关系组合，转变为复杂形态的生成。由此使得当代建筑美学突破了古代建筑的经典美学和作为工业化产物的现代建筑的技术美学。其二，研究后工业社会信息文明和生态文明并存的社会背景下，信息传播技术、生物智能技术与德勒兹哲学和当代建筑美学流变相关联而产生的多维度、表达性、差异性、非理性的当代建筑美学新思维及建筑形态审美的变异。

第二，由于本书是在吉尔·德勒兹的哲学思想下，探讨当代建筑美学思想体系，因此本书研究的另一个方面为法国当代后结构主义哲学家吉尔·德勒兹与当代建筑美学发展相关的哲学美学思想及理论内容。在深入研究德勒兹哲学的美学内涵、创造学本质及思想内核的基础上，以其关于时间、空间、身体、生态问题的四个基本理论为支撑，试图建立其哲学美学与当代建筑美学流变之间的对话关系。以德勒兹的差异哲学和流变美学来阐释当代多元、复杂建筑现象背后所隐含的建筑美学体系的新发展。

本书所涉及的研究对象并非囊括了当代建筑美学发展的全貌，而是对受德勒兹哲学直接或间接影响的当代建筑创作现象进行审美解读。本书借用了德勒兹哲学的四个基本理论，分析与解读当代复杂的建筑现象及审美，探究当代建筑美学新的发展方向，力图构建与当代建筑发展前沿相适应、反映信息文明和生态文明时代特点的建筑美学思想体系，以期为当代建筑审美解读提供有价值的参考。同时，由于本书探讨的建筑作品大多来自当代西方的建筑师和建筑事务所，因此研究的建筑作品主要集中于当代西方的建筑和国内一些先锋建筑师的建筑实践。

二、研究的主要内容

本书将研究重点确定在以德勒兹差异哲学和流变美学为工具方法的当代建筑美学体系的建构上，以及对相应哲学思想下的建筑美学思想的解析上。主要内容包括通过对德勒兹哲学、美学思想的框架式梳理与解析和当代建筑作品美学维度的分析，以期以德勒兹哲学美学为基础构建当代建筑美学体系，分析当代建筑美学观念、审美思维、审美规则等的嬗变。

本书由三部分构成，分为五章。第一部分是对德勒兹哲学发展现状及其与建筑理论、建筑创作、建筑美学之间关系的发展现状的梳理与总结，即为本书的第一章绪论部分，包括该课题研究背景、国内外研究现状、主要研究方法等。通过这一部分的梳理与总结，确定本书的研究对象与范围。

第二部分是对德勒兹哲学与当代建筑美学理论的关联性建构，即为本书的第二章，包括德勒兹的哲学、美学思想框架及其在当代建筑美学理论中的转换应用等，通过这一部分的撰写，为当代建筑美学理论的研究以及美学体系的建构提供理论基础。

第三部分是对德勒兹哲学视阈下的当代建筑美学思想、美学多维思维、当代建筑形态的审美变异等的研究，由三章构成。分别通过当代建筑美学的德勒兹哲学理论的建构，以德勒兹四个哲学理论为基础即"时延电影理论""平滑空间理论""无器官的身体理论""动态生成论"，对相应的建筑美学进行阐释、解析；同时，从德勒兹时空观念、感觉的逻辑以及生成论、"游牧"美学的视角建立当代建筑的美学新思维，系统阐释当代建筑审美上的变异。

具体章节分布如下：

第一章　绪论。论述论文的研究背景，目的意义，国内外研究现状，研究的内容与方法等。

第二章　基于德勒兹哲学的当代建筑美学理论基础。本章通过德勒兹哲学与当代建筑美学的关联性研究，建构德勒兹哲学思想与当代建筑美学理论研究中的关系平台。

第三章　基于德勒兹哲学的当代建筑美学思想解析。本章以德勒兹关于时间、空间、身体、生态的四个基本理论为基础，建构了当代建筑美学的四个思想，并通过大量当代建筑作品的分析，对四个美学思想进行阐释，对其相应的审美特征进行解析。

第四章　基于德勒兹哲学的当代建筑美学新思维。本章在基于德勒兹四个基本理论的当代建筑美学思想上，以运动与时间叠合、空间的流动性表达、感觉逻辑的建构、思维的非理性生成等视角，建构了当代建筑美学的多维思维，并结合大量的当代建筑设计作品进行论证。

第五章　基于德勒兹哲学的当代建筑审美变异。本章在基于德勒兹哲学构建的当代建筑美学思想、建筑美学多维思维基础上，通过对当代建筑作品美学视角的分析与解读，分别从当代建筑审美观念的转换、审美元素的拓展、审美范畴的延伸、审美规则的颠覆等方面阐释了当代建筑形态的审美变异。

三、研究方法

本书研究的整体构架是在学科交叉的方法上展开的。即以吉尔·德勒兹差异哲学与流变美学中与当代建筑及建筑美学相关联的理论来解读当代多元、复杂的建筑现象和建筑美学问题，进而构建出体现当代复杂性建筑发展趋势的建筑美学体系。德勒兹的哲学理论突破了二元对立的主体性及人类中心主义为核心的传统哲学体系，以差异哲学、多元流变的"生成论"美学思想为内核，对后工业社会的诸多复杂、多元的社会现象进行了深刻的反思，这与当代建筑及当代建筑美学所孕育的土壤相一致，同时德勒兹哲学的差异性本质与"游牧"美学的多元流变思想与当代建筑复杂、多元、异质的建筑形式及其审美观念、审美思维具有思想本源的一致性，这就建立了二者关联性的平台及对应关系。在此基础上，本书尝试以德勒兹的哲学美学视角来客观解析当代建筑美学的发展趋向、审美特征和审美原则等问题。

另外，本书采用了宏观思考、中观归纳、微观分析相结合的方法。即理论研究、思想提炼、思维解析、原则归纳、案例分析相结合。在宏观层面上，通过对德勒兹哲学美学思想的整理研究，运用德勒兹哲学美学中的非理性法、差异法、非逻辑法，对当代建筑多元的、复杂的现象、建筑美学的发展趋向、美学思想及审美特征等进行梳理，形成当代建筑美学上的研究主线。在中观层面上，归纳、总结出对当代建筑美学思维、建筑审美观念、建筑审美元素、审美范畴、审美规则具有指导意义的核心思想，以德勒兹哲学、美学为基础，系统地构建当代建筑美学体系。在微观层面上，搜集国内外以德勒兹哲学为基础的先锋建筑师及其建筑设计实例，从具体的建筑现象及建筑作品出发，进行深入系统的分析，以实证的方法印证本书的可行性及可信度。

此外，本书还运用了文献法、演绎法、调查法等科学研究的一般方法。广泛搜集国内外德勒兹思想及其对当代建筑美学问题具有指导意义的相关资料，包括德勒兹本身提出的关于建筑及空间审美问题的思想或概念，以及先锋建筑师运用这些思想和概念创作的建筑作品及其表现出的美学语汇。通过对其进行梳理，将其演绎成符合当代建筑发展前沿的建筑美学理论的有益借鉴。

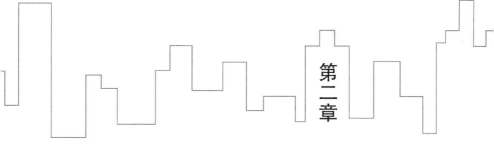

第二章　基于德勒兹哲学的当代建筑美学理论基础

任何时期美学的变革总是以社会某一具体领域的变革为先导。当代建筑美学的发展无疑与当代社会、文化、科技等的演进与发展紧密相关，这是由于建筑的发展总是牵涉一定时代背景下科技、文化、哲学、艺术等领域的变革。20世纪60年代后工业社会背景下，科学领域兴起了关于自然界复杂问题的研究，改变了人们现代主义以来技术至上的工具理性思想。混沌学、模糊理论、自组织现象与耗散结构等进入人们的视线，引发了人们对当今世界各种各样不平衡、不稳定、无序、断裂、非连续现象的关注与思考，线性因果逻辑逐渐失去效用。同时，非理性主义逐渐在当代西方人本主义哲学中占据上风。当代哲学的非理性转向以及科学领域对复杂问题的探索，冲击了当代建筑师的创作视角，当代建筑师从工业社会理性主义的影响下解放出来，对建筑的表达由几何化转向复杂化、非理性的创作表达形式。这使当代建筑在形态特征上呈现出复杂、多元、流动等的变化。当代建筑的这些变化必然带来与之相适应的新的建筑美学理论和体系。而德勒兹的哲学美学思想正是在当代西方哲学非理性转向过程中成熟起来的，包含了对当今世界复杂性、多元性、差异性的哲学思考，也契合了当代建筑的转变方向，为当代建筑美学理论的构建奠定了哲学美学的基础。

第一节 德勒兹哲学美学思想解析

德勒兹（Gille Deleuze，1925—1995）是法国20世纪成就显著、具有创造性的哲学家之一。他的哲学涉猎领域广袤多样，触及了美学、文学、心理学、社会学、经济学、电影、音乐、建筑等领域，其创造性的哲学概念及理论特色斐然。虽然德勒兹的思想流溢嬗变、异彩纷呈、难于框定，但总体上体现出差异哲学和"生成论"美学的精神内核与特质。差异性与生成性是德勒兹哲学美学的核心，在德勒兹看来一切存在都是差异性因素所生成的动态生命流动的一个相对稳定的瞬间，德勒兹的整个哲学思想都贯穿了对这种生成的强调和存在的反叛。在他的哲学体系中，德勒兹通过差异与生成来对抗整个西方哲学传统的存在与认同，通过不断地创造概念，不断地逾越概念的同一性，构筑了其哲学多样性的空间形式和跳跃性的空间关系。他通过时间晶体、图解、块茎、游牧、无器官的身体、解辖域化等后结构主义哲学概念，创造出了人们认知世界的崭新图式，表现了后人文主义审美的重要意义。他的哲学思想引领并推动了西方哲学美学的后结构主义嬗变。

德勒兹通过对培根和电影两方面的研究，将艺术引入其哲学的视野，形成了他独特的哲学语言。确立了知觉、情感、哲学概念三位一体、密不可分的关系，最终将哲学与艺术融为一体，完成了对艺术的形而上思考①。德勒兹通过从艺术的视角审视哲学，将哲学从自然领域的思考推向了人类社会精神层面，其"感觉的逻辑""无器官的身体"理论以及时延电影理论为后工业社会转向过程中信息技术及信息媒介下的建筑审美，提供了身体经验和影像逻辑审美维度的思考。

一、德勒兹哲学的美学精神内核

（一）德勒兹哲学差异性的审美维度

德勒兹作为法国当代后结构主义哲学家，其哲学思想是在法国意识哲学与概念哲学两军对垒、此消彼长的发展过程中发展和成熟起来的，通过对哲学来自"外部"问题的思索，实现了法国概念哲学的拓展。德勒兹倡导概念哲学，在他看来，传统西方哲学核心概念的根本特征是以一种外在于、超越于概念"差异"之上的规定来同化差异，这就使得这种传统哲学的思维不能真正实现或者还原概念的"差异化"，反之，同一性是传统哲学所要达到的最终目的。而德勒兹的哲学思想正是在这种突破传统哲学的同一性框架中发展起来的。其哲学产生的动因就是在这样的背景下通过对传统哲学同一性的批判，不断思索差异自身的差异化的过程。

德勒兹哲学关于差异性思想的论述是建立在差异与重复关系的讨论基础之上的。在德勒兹看来，差异贯穿于一切事物的发展过程中，一切事物的存在都以差异化的多样性状态呈现

---

① 麦永雄.德勒兹与当代性——西方后结构主义思潮研究[M].桂林：广西师范大学出版社，2007：10.

出来，并随着差异强度的不同，发生状态上的相应改变。德勒兹哲学中关于差异与重复关系的论述阐明了事物存在非同一的异质性结构特征和审美维度。在这里，重复是差异的重复，差异通过不断的重复而生成无穷。一切生命都可以通过差异的强度来划分，可以说同时性、不断重复的概念是差异的、相互联结在一起的系列生命的流动。差异就是存在，就是生命的存在本身，一种不断突破生命存在的界限，从而实现可能性的一个永恒轮回的过程 ①。因此，德勒兹哲学的差异性思想表现出不断的面向不确定的未来的持续性的变化过程中，无限可能和多元的内容的审美维度。这一维度具有无限的多样性和生成性，其中蕴含了对一切艺术形式的表述，德勒兹把艺术看作是勃发的或者是衰竭的生命征兆，艺术家能够通过他们的作品感受生命的无度性，从而将生命从禁锢中解放出来。因为对他们而言，生命如此巨大，艺术作品则在纵横驰骋中为生命指明了道路 ②。因此，艺术也是差异哲学生成的重要内容，德勒兹通过对艺术形式的考察说明它们是随着自身的演化而相互激发出新的内容和意义的过程，这与哲学的功能有着相通之处，与哲学一样都致力于自身的运动、构成生命力的作用。建筑艺术和建筑的形式也是如此，在不断地演化过程中生成新的内容、形式及意义。德勒兹哲学的差异性及其中蕴含的思维逻辑和审美维度为当代建筑的复杂化发展及其审美意义的生成提供了哲学思想的依据。另外，其差异观念的多样性结构也为我们审美和解读参数化建筑的塑形过程和形态特征提供了审美思维的逻辑。

---

① 潘于旭.断裂的时间与"异质性"的存在——德勒兹《差异与重复》的文本解读[M].杭州：浙江大学出版社，2007：19.

② [法]吉尔·德勒兹.哲学与权力的谈判[M].北京：商务印书馆，2000：65-66.

（二）德勒兹哲学生成性的审美视角

"生成"是德勒兹哲学美学思想中的重要概念，包含了游牧、解辖域化、无器官的身体等基本喻体。德勒兹生成的概念及其差异与重复的哲学思想紧密相关，他的全部哲学美学思想中都贯穿了对"生成"而非对"存在"的强调。其生成的概念与他的差异性、活力论、多元性等密切相关，反映了德勒兹后结构主义差异哲学和流变美学的特质与精神内核。

德勒兹哲学的生成性就像是一个强度的场域或是一个振动波，就像是一种连续的流变，就像是在我们自身之中涌起的一阵可怕的威胁①。正是这种威胁的震动频率促使变化的生成，而生成又始终是成双而行，即所生成的事物与生成者一同进行生成，由此形成一个生成的断块，它的本质上是变动的，绝不会处于均衡之中。其中蕴含了流变的审美视角和解辖域化的生成方式，这打破了现代主义对称与均衡的审美逻辑。如同蒙德里安的格子画，当绘画突破了实在的内容之后，仅以抽象的、失去均衡的几何形式的"断块"构成画面，这种断块生成了一种持续的变动和一种强度的振波，这是对传统绘画模仿自然的解辖域化，形成了无限生成的审美强度。我们同样可以从生成的角度来考察审美及审美属性，从生成的角度考察艺术品、建筑……能够带给人们的感知、体验、理解、想象、再创造等而获得的精神愉悦。而不是从审美的内在属性角度去考察生成。就好像一种审美属性（一种艺术品经由人们的意识加工所

---

① [法]吉尔·德勒兹.资本主义与精神分裂（卷2）：千高原[M].姜宇辉，译.上海：上海书店出版社，2010：433.

带来的精神享受）包含着一种无限度地生成的审美强度的可能性。正如"一种属性只有作为一种配置的解域线或在从一种配置向另一种配置的转化之中才能发挥功用①"。德勒兹的生成概念凸显出了一种多元、动态的生成观。这为我们开辟了一个当代哲学美学语境下新的审美视角。

德勒兹哲学的生成观为我们建立了人与自然界互为解辖域化、互为生成循环往复的强度关系，为我们重新思考当代建筑在人类社会和自然界中的位置提供了新的依据。同时，也为我们提供了审美当代建筑诸要素和事物之间关系及解读方式再思考的契机。当代的先锋建筑师将德勒兹"生成"的概念转化为建筑设计的手法，通过复杂技术和参数化设计等手段的应用，实现了当代建筑空间和形体从静态到动态的转化。这使当代建筑的语汇变得更为复杂、多元、灵活，同时也为我们带来更为多元、复杂、差异性的建筑审美形式。建筑、人与自然社会等环境要素之间的互为生成与解辖域化，使它们之间总是处于流变的变化之中，其中蕴含了巨大的创造力量和全新的审美观念、审美元素，同时也蕴含了流变与链接的审美逻辑，这必将演绎出全新的美学思想。总之，德勒兹的哲学思想的生成性迎合了当代复杂科学背景下多元的社会现象与建筑现象的相互碰撞，适应了当今时代建筑文化及建筑美学思想不断寻求新的揭示和发展方向的趋势。

德勒兹在美学上倡导审美思维的流变性、审美领域的生成性及审美经验的身体化。其在探索概念差异的差异化的过程

① [法]吉尔·德勒兹.资本主义与精神分裂（卷2）：千高原[M].姜宇辉，译.上海：上海书店出版社，2010：435.

中，创造了概念的无限生成的千座高原。这些概念及所形成的意义的逻辑渗透到建筑领域，带来当代建筑师创作思想、操作手法、建筑表现形式等的变革，揭示了当代建筑审美观念新的发展方向，也为当代建筑美学理论的形成和新的审美标准的产生提供了哲学、美学上的指导。

二、德勒兹哲学的创造学本质

德勒兹的哲学以创造概念为核心，他认为哲学永远是创造概念的，创造概念可以使哲学永远保持现实性。他通过不断地创造概念，回答了什么是哲学。因此，创造概念贯穿了德勒兹哲学发展的每一个阶段，德勒兹哲学的创造学本质就是创造概念。德勒兹认为，各学科之间并不存在界限分明的学科分化，他通过不同学科之间概念的开放性交织、关联、共振，实现其哲学新的"意义"的创生机制，构建了哲学概念开放流动的"内在性平面"和无限交织衍生的"高原"。他认为，概念并不是哲学创造的起点而是哲学创造的成果。哲学创造的起点是来自概念"外部"的冲击所带来"问题"的绵延不断的别样思考。这里的"问题"是来自概念外部的一种根本性的"界域"，作为思考成果的"概念"是对这种根本性"界域"的一种哲学上的回应。由于"界域"的不确定性和关联性使其作为成果的"概念"具有无限的跨越性，这种概念的创造过程，可以使它突破各个领域的界域，充满了各种无限的可能，体现了其创造学的本质。

德勒兹在创造概念的过程中明确了哲学与艺术的关系。他认为哲学就在于通过哲学所能把握的科学的功能与艺术的结构中进行哲学创造并解释概念。他指出："一个哲学概念从来不能与科学的功能或艺术的结构相混淆，但是发现它自身与科学诸领域或艺术风格有着亲和力。"[①] 哲学与艺术、科学的关系是德勒兹哲学创造性本质的一个表现，他通过它们之间不固定的差异性的关系来构成其哲学的概念。并从那些被给定的功能和结构中通过形成创造性的哲学概念得到哲学的提升，这些创造性的哲学概念从一个领域向另一个领域的生成、一个空间向另一个空间的无限衍生，体现了其哲学的创造性和对科学与艺术的互为生成的关系，其中也蕴含了其哲学创造学的本质和艺术学的特征。德勒兹哲学创造性的概念就如同地表上匍匐生长的植物的"根茎"，四通八达、错综复杂，可以随时覆盖整个地表。德勒兹哲学创造性的概念辐射到建筑领域，为当代建筑的发展方向及新的建筑美学体系的构建提供了理论支撑，其中对当代建筑创作思想和审美观念影响较大的两个概念包括"块茎"和"褶子"，这两个概念所表达的喻体的无限衍生性启发了当代建筑师创造了复杂的建筑形体，其中蕴含的动态流变的美学思想为当代复杂建筑的审美解读提供了创造性思维的审美维度。

（一）"块茎"的创造性思维逻辑

"块茎"（Rhizome）是德勒兹生成论中最重要的概念之一，阐述了德勒兹生成论蕴含的重要思想。"块茎"的生长过程和增殖方式体现了德勒兹流变美学的思维逻辑。"块茎学说"是

---

① Gilles Deleuze.Difference and Reptition[M]. Columbia : Columbia University Press，Preface to the English Edition，1994：10.

德勒兹哲学美学思想最重要的基石之一[①]。"块茎"是一种植物类别，与根状、树形植物相对应。它的生长没有固定的地点，而是在地表上蔓延，扎下临时的根，并生成新的块茎，然后继续蔓延。就如同马铃薯的根就是球状的块茎，通过它们的蔓延来实现马铃薯的成长。块茎的这种生成方式体现了德勒兹生成论中一种多元、动态的生成观，在这里"生成"就如同块茎的生长，是一个运动的过程，向我们诠释了物质世界异质元素之间的动态生成。块茎结构既是地下的，同时又是一个完全显露于地表的多元网格，由根茎和枝条所构成；它没有中轴，没有统一的源点，没有固定的生长方向，而只有一个多产的、无序的、多样化的生长系统。[②]块茎的生长蕴含了大自然创造的力量和美的节奏。当代先锋建筑师在块茎生长方式的启发下，创造了多元、灵活、异质的当代建筑，为我们开启了当代建筑新的审美取向。

每一个块茎都蕴含着一条与外界异质元素相融合的逃逸线，随时生成新的块茎，这种生成不是模仿而是创造，就如同两个异质性的链条在一条逃逸线上爆裂，创生出新的系列。而这一新的系列又始终与外界相关联，总有一个逃逸的出口，不断形成一种增殖的强度的力量，将逃逸的力量推向更远。其中蕴含了非线性的、碎片化的思维逻辑，与线性的、主体性的审美逻辑形成鲜明的对比（表2-1），并且呈现出无限的创造性和生命的力量，为当代建筑与各种异质元素关系的审美解读提供了理论依据。

① 麦永雄.德勒兹与当代性——西方后结构主义思潮研究[M].桂林：广西师范大学出版社，2007：75.
② 麦永雄.德勒兹生成论的魅力[J].文艺研究，2004（3）：8.

"树形"与"块茎"思维逻辑对比　　表2-1

思维形式	内驱力	特质	特征	思维逻辑	审美逻辑
"树形"思维逻辑	主体性思维	推导性	线性、数理的	逻辑理性	中心、等级
"块茎"思维逻辑	逃逸线运作	生成性	非线性、碎片化	创造性	去中心、非等级

　　"块茎"实际上是一个去中心化、非等级化和非示意的系统,它没有一个"将军",或者说"块茎"中的每一个元素都是一个"将军",它们都具有开疆拓土的能力,都是一个主权。"块茎"也没有组织性的记忆或中心性的自动机制,相反,它仅为一种状态的流通所界定①。"块茎"与外界一切异质因素之间的关联就是各种各样的"生成",具有无限的创造力和生命力。

　　"块茎"基于异质、繁殖、断裂等的思维模式打破了中心主义、等级体系中的二元对立,使主客体界限变得模糊,"块茎"的这种多样性、差异性、创造性和增殖性等特点与复杂科学技术的参数化相结合,使建筑形态自组织演化,表现出当代建筑形式自律的特点(图2-1)。格雷格·林恩的泡状物理论就是基于"块茎"思想的建筑学理论,林恩用泡状物作为建筑生成的原点,建筑在动态的形式生成过程中,衍生出无限的形式可能及光滑连续的空间形态。镀锌音乐厅(图2-2,图2-3)和伯明翰斗牛场购物中心(图2-4),这两座建筑都是泡状物理论的体现。它们就像两团巨大的流块完全颠覆了人们对传统建筑盒式几何空间的审美标准。镀锌音乐厅是史蒂文·霍尔建筑事

① [法]吉尔·德勒兹.资本主义与精神分裂(卷2):千高原[M].姜宇辉,译.上海:上海书店出版社,2010:28.

第二章　基于德勒兹哲学的当代建筑美学理论基础

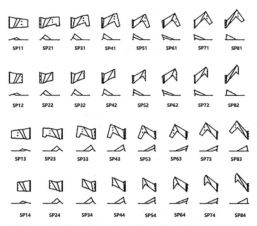

图2-1 形态自组织演化（爱默生学院洛杉矶中心）

图2-2 镀锌音乐厅（捷克）

图2-3 镀锌音乐厅建筑立面

图2-4　伯明翰斗牛场购物中心

务所在捷克设计的，它是悬立在一幢20世纪60年代现代主义
文化馆建筑之上的泡状物，整体形态是一个部分由锌板覆盖、
部分是玻璃墙的弯曲不规则的"盒子"。透过大面积的玻璃幕
墙可以观看到音乐厅内部的表演空间，如同一个打开的盒子，
使建筑内外空间界限变得模糊。伯明翰斗牛场购物中心一被建
成就被评为年度最丑建筑，从中也可以看出当代建筑的异质性
带给传统建筑审美规则的极大冲击。泡状物建筑的平滑空间及
形态消解了人们关于建筑立面的概念，给人以"块茎"增殖的
审美意象，颠覆了人们原有的建筑形式美的法则。

（二）"褶子"的审美图式

德勒兹"褶子"的概念是在海德格尔、梅洛·庞蒂、福柯
等前人思想的基础上发展而来的。德勒兹在福柯的"褶子"存
有论的基础上，将"褶子"的概念延伸至对空间的阅读，褶子
在重复和差异的循环往复的打折过程中，建立了时间与空间的
联系。德勒兹通过对"褶子"这种运动变化的空间图式的思考
（图2-5），深化了"褶子"生成性的哲学意涵和流变性的美学

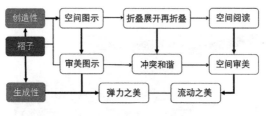

图2-5 "褶子"的审美图式

意义，形成了他差异哲学和流变美学思考的独特方法。在德勒兹看来，"褶子"是世界物质聚集、合成和发展的方式。世界的物质变化过程就如同褶子的运动，在展开与折叠的过程中呈现出无穷尽的重复与差异的变化。褶子通过折叠、展开、再折叠、再展开以至无穷的运动，构建了超越一切界限时空的优美图式，并将整个世界包含在一个既冲突又和谐的美丽褶子中。

德勒兹关于"褶子"的空间阅读改变了人们观察世界的视角，创造了空间阅读的新的审美范式。建筑作为空间的艺术也受到了德勒兹"褶子"概念的深刻影响。产生了折叠的建筑形式，德勒兹的"褶子"概念及"褶子"的空间阅读图式为我们解读和描述当代建筑空间提供了思想性和图像性的审美范式，也为我们理解和解读折叠这一新的建筑空间语言及建筑形态提供了新的视阈和思维方式。

本书所要研究的"界域"建筑美学思想及其相应的建筑表现形式和审美特征就是基于德勒兹"褶子"这一哲学概念。在"界域"建筑美学思想中将"界域"建筑解读为环境与大地起伏的某一节奏结域的产物。这里"大地起伏的某一节奏"就深刻蕴含了"褶子"的思想，同时也表达了"界域"建筑在空间环境中折叠变化的审美形式和特征。折叠建筑内外空间异质的元素，通过折叠、打褶的过程不断地被直接或间接调和，并趋向内外环境和谐的必然，并在不断的折叠过程中激起新的和谐。这体现了"褶子"运动变化过程中的审美维度：一面是永远在外部的外部，一面是永远在内部的内部；一面是无穷"感受性"，一面是无穷"自由性"[①]。即"褶子"折叠过程中被感受的外在表面和运动变化的内在空间，这构成了审美的整体，内在与外在、物质与非物质、精神与灵魂，在"褶子"多样、连续的运动中实现了强度和张力的提升。

"褶子"的运动过程对折叠建筑的启发改变了人们对建筑传统盒式空间的审美认识。以Sancho Madridejos建筑事务所设计的西班牙Villeaceron小教堂（图2-6）为例，这个教堂是折叠建筑的代表作品，它的空间形态是在对"盒子的折叠"的操作基础上发展而来的。折叠就如同是小教堂建筑形体的发生器。通过内外折叠的过程塑造了建筑的形体及空间（图2-7）。建筑在折叠的过程中展现出优美的空间图式，迸射出物质发展变化的生命力量，将人们带入折叠空间秩序的审美语境。

"褶子"的生成性以及多样性和连续性的空间审美，启发了平滑的建筑空间形式，使建筑空间表现出差异性元素互为折叠、展开、再折叠、再展开的流动之美。格雷格·林恩通过"折叠（fold）"与"展开（unfold）"的概念，使建筑在时间与空间重复与差异的关联中表达了空间内外张力之美和形体流动变化的形式之美。折叠的概念与参数化设计相结合创造了当代折叠建筑形体褶皱动态变化的三维表面（图2-8）[②]，使建筑的审

---

① [法]吉尔·德勒兹. 福柯·褶子[M]. 于奇智，杨洁，译. 长沙：湖南文艺出版社，2001：201.

② GregLynn. Folding in Architecture，Second Edition[M]. Chichester：Wiley-Academy，2004：50.

051

第二章 基于德勒兹哲学的当代建筑美学理论基础

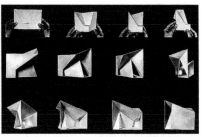

图2-6　西班牙
Valleaceron小教堂

图2-7　传统折纸中的折叠空间

图2-8　曼哈顿"菱形角"黑色公寓

美元素从空间向表皮延伸。另外,"褶子"的概念也完美诠释了建筑与环境的融合,建筑作为环境折叠起伏变化的动态影像的定格取形,表达了与地形环境及影响建筑的各种异质元素的融合。包含形象的因素,同时也包含非形象的因素,即作为"精神或灵魂的景色"存在于意识或头脑之中,形成审美的崇高境界。

大都会建筑事务所(OMA)在曼哈顿设计的"菱形角"黑色公寓(图2-8),处于曼哈顿一个街区的拐角处,为了与邻近的战前建筑相融合,建筑在设计上采用了一系列沿拐角边缘向内和向外折叠的三角形窗户,使建筑在不同功能的层高之间折叠转换,将建筑延伸到城市的历史环境中,与环境融为一体。表达了建筑对场地和城市的融入和对历史的传承,同时也使建筑空间在维度的拓展中更具有空间语言的表达性,展现了建筑空间动态连续的审美特征。

德勒兹通过创造概念将不同领域之间新的潜能聚集在一起,建构起他复杂的哲学网络和其原生性、原创性和前瞻性的哲学思想体系。"块茎""褶子"概念是德勒兹哲学创造学本质的集中反映,深刻地反映了物质世界中的现实现象,并具有一定程度的可操作性和实用性,对当代建筑师的创造思想、建筑设计手法、建筑空间生成方式等方面都产生了广泛而深刻的影响,同时也为当代建筑设计语汇及语境的审美解读提供了理论基础。

三、德勒兹哲学的美学内涵

在德勒兹的哲学和美学思想中,差异、流变的思维是其美学思想产生的核心内容，同时也反映了德勒兹美学思想的特质及内涵。其中时间晶体、游牧、解辖域化、无器官的身体等概念所体现的非人类中心的视角，以及动态、多元、流变、去中心、去等级、混沌等的美学观念分别从时间、空间、身体、环境等视阈为我们阐释了德勒兹流变美学的意涵。这打破了工业社会以来西方技术美学审美主体与客体二元对立的美学观念和审美思维。为人们审美建筑提供了非人类为中心的宏观视角，人与建筑之间二元对立的模式被打破，人与建筑处于一种互为影响、互为生成的动态流变之中，不断地创生新的意义和更为宏观的审美语境，为当代建筑美学思想体系的构建提供了思想观念的指引。

（一）时间晶体的审美逻辑

"时间晶体"是德勒兹电影理论的核心概念，德勒兹在他的电影理论中用晶体的双面性比喻时间的双向运动：一个是让现在成为过去，一个接替一个走向未来；一个是保留过去，使之成为黑暗的深渊[①]。时间在过去与现在的双向运动中同时性地存在，德勒兹用晶体发光的映照折射，比喻现在与过去的非线性的共时共存关系，将人们带入碎片化、共时性的审美情境中。晶体的无限生成性呈现出的影像所承载时间的潜在的多样性运动，为我们诠释了多维时间面向的审美意境。德勒兹的"时间晶体"，打破了柏格森"现时影像"的一维时间观（表2-2），时间晶体影像中潜在影像与现时影像永不止息的

① [法] 吉尔·德勒兹. 时间——影像 [M]. 谢强，蔡若明，马月，译. 长沙：湖南美术出版社，2004：137.

结晶作用，使时间在晶体的无限生成中实现了直接时间的呈现。时间通过晶体般的影像呈现出来的处于潜在的不同时区、时层的多样性时间的流动，直接显示自身，并呈现出"时间—影像"的非线性的，不断分叉的不同时区、时层间的共时共存的审美意境。

不同影像类型的审美逻辑　　　　　　表2-2

影像类型	时间观	审美逻辑	审美意境
时间晶体影像	多维时间观	多意性、开放性	多维时空共时共存
现时影像	一维时间观	整体性、统一性	单一时空

在德勒兹的电影理论中，对时间最基本的操作方法是构建晶体影像。由于在晶体影像中，过去与它所构成的曾经的现在共时共存，所以时间在每一刻都被无限地分解为现在和过去，只是它们有着不同的本质并呈现出两个异质的方向：即一个面向未来；一个追溯过去。时间在它的这种过去与未来的停顿或者流逝的分叉中呈现出两个不对称的流程：一个让整个现在成为过去；一个保存整个过去[①]。在晶体影像中，这种不断地向着过去与未来涌现的分体的时间，承载着其不断变化的现实与潜在的影像，形成了不同时区、时层影像间的互动。这种现实与潜在影像的恒久循环过程，实际上就是令现时与潜在的时间不断差异与重复的纯粹绵延过程。"时间—影像"的非线性绵延，以及现时与潜在影像的不断重复与差异互为转换，绘制了时间与影像非线性、错列的时空链条，表达了全新时空观下的时间与影像超时序的审美图式和开放性、多意性的

---

① [法]吉尔·德勒兹.时间——影像[M].谢强，蔡若明，马月，译.长沙：湖南美术出版社，2004：127.

审美逻辑。这正契合并体现了后现代审美的特点，即在审美体系中，整体性和统一性的审美逻辑已不再有效，而是强调与审美规范性秩序相对应的多元性。开放性、多义性、无把握性、可能性、不可预见性等，已经进入后现代的审美语言体系[①]。而德勒兹"时间晶体"概念所蕴含的差异观念中的时间综合，对时间之现在、过去和未来的差异与重复的循环往复，以及碎片化的时空逻辑，为信息时代人们理解超序空间的建筑和建筑的信息化特征及其美学意蕴提供了审美逻辑。

　　本书所研究的影像建筑美学思想就是建立在德勒兹"时间晶体"基础上的关于当代影像建筑的审美问题的思考。"时间晶体"的过去与现在、潜在与现实影像的无限循环，为我们创造了一个拓扑的结晶空间，在这一空间中影像的多面性和非时序性淹没了影像自身的含义，使影像进入了纯视听情境，这样就延伸了人们对于影像在思想中的审美空间。这一审美空间随着影像结晶空间的拓展而不断地增殖。德勒兹时间与影像的关联图式为我们开启了审美影像建筑的全新视角，为审美建筑的时空影像带来非线性的、非时序的、联想的逻辑。人们对建筑与城市的印象很多时候都是通过影像的记忆和联想存在于我们的记忆中，并产生美的享受的，德勒兹晶体影像的概念及其中蕴含的时间与影像的逻辑同样也为当代建筑创作提供了全新的影像语言和表达方式。

　　（二）"游牧"的审美秩序

　　德勒兹的"游牧"概念是基于对游牧民的生活和活动方式

① 周宪.审美现代性批判[M].北京：商务印书馆，2016：289.

在大地上留下的空间图式的思考，是其平滑空间理论中的一个基本喻体。游牧民在大地上活动根据水源和草原的地点随时更换生活和活动的场所，由此在大地上留下了差异的、多元的、无中心的活动轨迹，并呈现出生成性、异质性、连续变化等特征。游牧民在空间中的活动所绘制出来的空间图式是向量的、投射的和拓扑的，有别于限定性的条纹空间（表2-3），游牧民根据生活的需要占据一个空间，但并不控制这个空间，使其具有多种开放、通向四面八方的路径，这样的空间发展方式与等级制和王权的科学相对应，具有"平滑空间"的属性。"平滑空间"是一种无限地包含各种"差异"的空间，具有生成性、异质性与多元性相结合的特点。它就如同游牧民根据生活需要在不"计算"的情况下占据空间，并向四面八方拓张，游牧民与空间之间互为生成，他们是解域的向量，通过一系列局部运作、不断变换方向而造就了一片又一片荒漠与草原这样的平滑空间[1]。平滑空间的操作从属于直觉与建构的感性条件，在其中所有的一切都处于一个与实在自身共同延展的波动不居的客观区域之中[2]。因此，平滑空间是非长度的、无中心的、块状

游牧及条纹空间属性及审美秩序　　　表2-3

空间形式	空间属性	空间特征	空间特性	审美秩序
游牧空间	平滑空间	向量的、投射的、拓扑的	生成性、差异性、多义性	动态、流变
条纹空间	限定空间	限定的	中心性、矢量性	静态、统一

---

① 陈永国. 游牧思想——吉尔·德勒兹，费利克斯·瓜塔里读本[M]. 长春：吉林人民出版社，2004：317.

② [法] 吉尔·德勒兹. 资本主义与精神分裂（卷2）：千高原[M]. 姜宇辉，译. 上海：上海书店出版社，2010：537.

的、多元的空间形式。这种空间形式改变了盒式几何空间矢量的、可度量的、中心的、统一的审美规则，将审美秩序指向更加多元、包容、无中心、碎片化的发展趋向。

"游牧"在空间形式上，体现了平滑空间的特点；在思维方式上，表现为由差异与重复的运动构成的未科层化的发散思维状态；在审美秩序上，则体现了与外界关联多元流散的性质。"游牧"概念中蕴含的审美秩序渗透到建筑领域，引起了建筑空间及审美的一系列变化。建筑的形式更加具有流动性和复杂性特征，建筑的审美意境更加体现出开放、动态与流变的特点。

（三）解辖域化的审美观念

解辖域化是德勒兹流变美学思想的关键性概念。它是对既定的、现存的、固化的疆域的解放。在美学意义上，它是对某种等级制中心主义和静止时空、一种辖域化的颠覆，强调通过摆脱既定辖域或束缚的努力，创造新的流变、生成的可能性。在空间场所中，解辖域化还体现为各个空间的差异性的关联。这些关联使空间和场所随着情境的变化而发生动态的分布变化，进而又加强了空间的差异性。体现在建筑空间上，这种空间的差异性地、循环往复地生成和变化，重新建立了建筑空间、个人以及与空间场所之间的关系，突破了现代主义以来的建筑空间中心论，以及现代主义纯净美学与线性思维，打破了现代等级制度下对人们知觉审美结构的麻痹，使人和建筑从单向度结构中解放出来。

德勒兹解辖域化概念中展现的流变美学思想为设计师重新建构建筑诸要素与空间场所的关系提供了哲学的佐证，为当代建筑复杂现象的审美提供了美学的依据。在当今信息大爆炸的时代，建筑已经不仅是解决功能与空间之间的关系问题，建筑适应场域形态而展现的多元化与表达性逐渐受到设计师的推崇，出现了各种标新立异的复杂的建筑形态。正如埃森曼所说，"在一个媒体化的世界中我们必须重新思考建筑的现实处境，这就意味着要取代建筑通常所处的状况"①。埃森曼的建筑作品打破了现代主义建筑功能与形式的二元对立，通过反建筑的表现手法表达了建筑空间动态连续的不确定性，从而显示出建筑的独特功能，诠释了多元、动态、流变的建筑美学新观念。

（四）"无器官的身体"的审美逻辑

德勒兹关于身体问题的思考是在"无器官的身体"这一哲学概念的基础上，对身体各感官之间内在关联的重新建构。身体各个感官官能界限的突破以及无器官的身体的生成，使身体抽象为一种感觉内在性的生产力量，生成了"通感"感知的审美逻辑。在感觉的运动中，身体突破"有机体"，即"器官"之间的固化的结构关联而向不确定性、可能性，也就是向"时间性"敞开的时刻，德勒兹称之为"无器官的身体"②。"无器官的身体"就像是生物在形成个体之前的一种"胚胎"或者"介质"状态，在其中没有明确的"器官"之间的界限分化，它包含了各种丰富的可能性和能量的涨落，一方面，与外在的环境相互作用（外在的"力"），另一方面，通过自身内在的能

---

① 万书元. 当代西方建筑美学[M]. 南京：东南大学出版社，2001：38.
② Gilles Deleuze. A Thousand Plateaus. Minnesota：The University of Minnesota Press，2005：151-157.

量转化，生成"器官"和"机体"结构[1]。"无器官的身体"通过对器官之间明确界限的突破，在"器官"自身的生成运动中表达了器官存在的"暂时性"，以及器官本身存在的内在关联，它描绘了作为"无器官的身体"的一种内在各器官之间关联的能动的状态[2]。因此，"无器官的身体"为身体各感官之间的新链接以及新的感觉体验的生成提供了一个新的统一体和"通感"的身体感知逻辑，在这个统一体中身体原有的各个感官之间的关联及感觉之间的官感逻辑被突破，身体对外界感知的知觉体验也必然发生新的变化，其中也包含审美体验与知觉（图2-9）。

图2-9 "无器官的身体"的审美过程

在以身体感知为核心的建筑空间的审美认知中，"无器官的身体"的审美逻辑为身体在建筑空间中的审美体验生成提供了依据。正因为无器官的身体的各个器官官能之间尚未分化的状态，为建筑形式及空间的审美带来了非确定的、无限发展的、开放的审美体验的可能性。事实上，纯粹的身体感觉体验和审美体验只涌现于外在的力量拍击身体的第一瞬间。在这一瞬间里身体的各感官官能是混沌的，又回到最原初的尚未分化的无器官的身体的状态，身体对这种力量的感知也只能体现为力量强度的大小，而并没有明确感受到这种力量被身体的哪一

---

① 姜宇辉.德勒兹身体美学研究[M].上海：华东师范大学出版社，2007：163.
② 韩桂玲.试析德勒兹的"无器官的身体"[J].商丘师范学院学报，2008（1）：7-9.

个感官所接收。在建筑空间的感知和审美中，身体作为未经修饰和加工的身体，身体作为各个感官官能之间混沌的身体在面对建筑时，已经完全突破了身体的视觉、味觉、触觉、听觉等某种单一的感觉体验，可以用身体的一切部位去"思考"、去感知、去体验、去审美，必然产生新的审美认识。当代许多先锋建筑师在实践过程中，通过建筑形体和空间的涌现建构、拓扑分形等，使建筑对于身体的冲击已经不再仅是传统的欧氏几何空间的建筑形式带给人们视觉上的冲击，而展现出更多感官互为交融的审美体验。以韩国Galleria百货公司为例（图2-10），由OMA/克里斯·范杜恩设计的Galleria百货公司建筑造型被塑造成石块一般的体量，配合上富有肌理和质感的马赛克石材外立面，穿插晶体般的多棱玻璃立面的公共人行通道，与粗糙的石材肌理形成强烈的视觉对比和冲击力，让人感受到触觉般的视觉审美体验，或者说是纯粹意义上的手的空间的审美体验。当这种身体作为未经编码的感觉整体对建筑空间开放

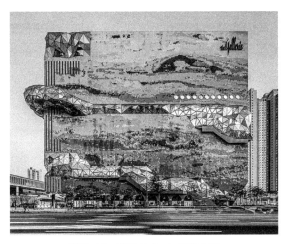

图2-10　韩国Galleria百货公司

时，必然带来关于建筑和空间开放性的、非确定性的审美图式和审美体验，进而产生新的审美观念和审美取向。本书所要研究的"通感"建筑美学思想就是在"无器官的身体"这一哲学概念基础上，对身体、感觉、建筑意象及建筑审美之间的关系进行系统建构。

第二节　德勒兹哲学思想在当代建筑美学理论中的转换

德勒兹哲学是对当代建筑影响最大的哲学之一。德勒兹的一些原创性的概念、哲学理论已经直接或间接地被当代建筑师转化成建筑思想或创作手法应用于建筑实践，创造出了大量复杂性的、特色鲜明的建筑。这些哲学理论和概念都蕴含了复杂多样的视角和差异流变的哲学美学思想。其中德勒兹对电影、空间环境、感觉理论及生态等问题的探讨，均以"差异"为基调，以创造概念为核心，体现出多维度、非理性的思维方式，在美学思想、美学思维上都为信息时代、生命时代建筑的审美变异及审美观念的嬗变提供了哲学美学的依据，为当代建筑美学体系的建构提供了理论基础。

一、时延电影理论的美学意蕴

德勒兹的电影理论是一种以影像为本位的思维内在性的研究理论，体现了感性思维在感知电影影像中的作用。时间因素在影像中的直接呈现，使电影影像的线性叙事逻辑被突破，呈现出以"时间—影像"为主线的多维度、生成性的思维模式。这为在数字技术、光电子时代，以影像为表达媒介的建筑的审美解读提供了新的思维逻辑，为当代影像建筑美学思想体系的构建提供了哲学依据。

（一）影像本位的审美视角

福柯认为，不同的时代有着不同的话语"认知型"，它们构成了特定时期的文化和言说规则[①]，并直接影响了美学的话语体系。信息社会，电影电视、网络等视觉化传播媒介创造了一个巨大的虚拟空间，使得影像的生产超越了对传统原本的模仿，成为事物存在的客观方式，不断丰富和延伸着人们的生活空间。如今信息时代，影像正在潜移默化地改变着人们认知事物的方式和思维的逻辑。而作为光电子时代的物质实体的建筑，同样离不开影像的传播媒介。信息时代的建筑，对于受众而言，已经不只是工业时代的实体空间，还以影像的形式被人们感知和消费。影像作为我们身体与建筑实体之间的一种介质，使人们体验到建筑空间的媒介得到延伸。建筑影像超越了建筑实体的存在，可以跨越时空为受众传播建筑信息。可以说，在这个信息高度发达的后工业社会，建筑的本质就是影像。因此，工业社会背景下基于建筑实体空间的物理逻辑已经不能满足人们对当今影像建筑的认知和审美解读，影像逻辑已经逐渐成为人们认知和审美当今光电子时代建筑不可或缺的思维方式。而在这种由物理逻辑向影像逻辑的审美思维转变过程中，德勒兹电影理论中影像本位的审美视角无疑为我们提供了

---

① 周宪. 审美现代性批判[M]. 北京：商务印书馆，2016.

审美当代建筑的思维逻辑基础。

德勒兹的电影理论是关于以影像为本位的思维内在性的研究。它突破了传统电影理论中影像叙事的视角，不再以叙事情节的展现、叙事结构的安排，实现电影的意义和艺术的呈现与表达，而是使影像超越运动，与思维发生关联，构建了一种纯视听环境的感知空间。在德勒兹的电影视阈中，影像通过一种不受约束的感觉器官在意识层面获得梦一般的关系，体现了一种幻象美学的意蕴。影像的这种纯视听情境，是以影像本位的感性思维为基础，有别于感知—运动情境空间的特定环境，它是建立在"任意空间"之上的，要么是脱节的，要么是空荡的影像形式，它是一种包含了视觉符号和听觉符号的新的符号类型，这些符号所构成的情境赋予了影像审美的符号意蕴。影像符号在与电影的相遇中生成概念，排除了思想的假设性和先在性。并且这种感性思维与电影的相遇中具有的差异性，又使影像世界呈现出差异、运动、流变与时间性特征。德勒兹通过电影影像在与人类感性思维的相遇中创生了"时间—影像"这一全新的电影审美视角。这是从思维的角度对电影影像审美的重新认识和诠释。这种以影像为本位的思维内在性的影像审美逻辑，为后工业社会光电子时代以影像为媒介的建筑作品的审美解读提供了非理性的思维逻辑。为影像建筑美学思想的构建提供了理论基础和可借鉴的思维过程及模式。

（二）"时间—影像"的符号审美

在德勒兹的时延电影理论中，影像是时延的、敞开的全体，德勒兹通过对"运动—影像"中现实感知模式的突破，建立了以"回忆—影像""梦幻—影像""晶体—影像"为核心内容的三种"时间—影像"符号，使时间脱离运动直接呈现出来。"时间—影像"符号是电影影像不定性的、内在多样性的显化形式，它指涉电影影像不确定的、复杂的、交替变化的时间性特征。它体现了一种拓扑学的形式，涉及对时间的一种内在关系的审美。有时，它是空间所有过去时面影像的并存和这些时面影像拓扑学的延展，它就如同一个发光晶体，呈现出所有的影像形式和内容的不确定的复杂性。有时，它是现在尖点的共时。这些时间尖点的影像与任何空间外部、心理记忆的影像连续决裂，并在过去、将来乃至现在影像自身重叠之间进行断裂与飞跃。在这一过程中，真实与想象在影像的发光晶体中变成了不可辨识的，而影像的真实与虚假则变成了不确定的或错综复杂的，投射于人们的思维意识之中，形成对电影的整体印象和感受。德勒兹运用"时间晶体"概念阐释了影像的潜在与现实之间的关系。"时间晶体"的影像通过晶体的双面性和不可切分性，将影像的过去、当下、未来、潜在与现实融为一体，在时延的流变中相互转换、相互共存，为人们提供了一个全新的关于影像的时空审美体验。"时间晶体"就如同一种符号，建立了感觉与时间在思维、精神层面的关联。时间成为直接的时间影像，同时也是一种承载着人们感知与思想的思维影像和阅读影像。在"时间—影像"中，影像与动作之间的链接发生断裂，不再通过运动的延伸来表现时间，而是通过影像的纯视听情境引发观众的思考、阅读与记忆来体现时间在影像中的价值与审美意义。在"时间—影像"中，影像不仅是现在的、运动的，更多的是潜在的、精神的、记忆的和思维的，"时间—影像"将审美推向精神之维。

在"时间—影像"的审美维度中，影像与时间断裂的、间隔的、跳跃的链接，将我们带入非时序的时空关系和"时间—影像"的非线性的认知与审美逻辑之中。这在空间审美认知中，颠覆了透视法的视觉中心主义和线性因果逻辑，为我们全面感知空间、对空间进行审美解读，提供了思维与审美感知层面的全新视角；为当代建筑的美学体系突破现代主义以来建筑美学的工具理性，向知觉体验回归提供了思想基础。同时，"时间晶体"影像所呈现出的影像在不同时区、时层的共存关系也为解读当代影像建筑复杂、多样性的非欧几何形态的审美变异提供了理论依据。摩弗西斯建筑事务所设计的爱默生学院洛杉矶中心的建筑形态（图2-11），仿佛水晶般半透明的建筑体量，被内衬纹理的网格所包裹，形成了一个奇异的晶洞般的场景^①，建筑上方平台结构中融入的屏幕、媒体和声音、光学效果，形成灵活的户外表演场地，将波浪起伏的亚麻幕布转化成为动态的视觉背景，体现了信息时代非时序时空在建筑形态上的延伸，建筑就如同一个"时间晶体"承载了过去、现在、未来不同时层、层面的影像，在人们的意识和精神层面流动，

图2-11 爱默生学院洛杉矶中心

---

① 王冰. 爱默生学院洛杉矶中心，洛杉矶，加利福尼亚州，美国[J]. 世界建筑，2013（9）：48.

给人们带来美的愉悦。

二、平滑空间理论的美学意旨

德勒兹的平滑空间理论是基于空间生成与运动的表达性思维理论。其中"游牧"科学的研究视角，建立了开放的、平滑的、解辖域化的空间—地理环境，并表达出流变的"游牧"美学内涵。平滑空间折叠起伏的流体运动模式，展现了空间平滑运动的迭奏变化之美，呈现了空间—地理环境的界域性。平滑空间中异质、差异元素的异质性生成，突破了线性的欧氏几何空间逻辑，形成了一种异质、流动、开放的空间运作模式和赋予表达性的审美思维逻辑，这为当代建筑美学理论突破现代主义建筑工具理性的机械美学，通向体现创造性为核心的"游牧"美学提供了可转换的思维方法。同时，"游牧"美学所对应的平滑、折叠等创造性空间的运作模式和审美逻辑，为解读当代建筑突破欧氏空间向非欧空间的复杂性转变及空间形式特征的审美提供了思维基础。

（一）空间—地理环境的"游牧"美学视角

德勒兹的平滑空间理论将空间看作一个异质平滑的场，与一种极为特殊的多元体类型联结在一起：非度量的、无中心的、根茎式的多元体，这些多元体占据着空间，但却不"计算"空间，只有通过"实地采样才能探索它们"[1]。这就是说，

---

① [法]吉尔·德勒兹.资本主义与精神分裂（卷2）：千高原[M].姜宇辉，译.上海：上海书店出版社，2010：533.

平滑空间是一种接触的空间,"平滑空间强调向量、方向、流动,这就类似于游牧民在沙漠中寻找水源和植被的空间轨迹,因此,平滑空间是一个以事件、触觉、感知为依据进行计算的一个集中的空间。[①]"而非视觉的空间,体现出典型的"游牧"美学视角,具有"游牧"美学的典型特征。"游牧"美学与高度理性秩序的机械美学相对应,以无等级、无拘束等的思维逻辑体现出极强的创造性和非理性的审美逻辑。"游牧"美学视角下所体现的是空间中点与点之间的自由活动是开放的、自由的、不确定的。因此,它所建构的空间形式具有动态、开放、不受任何条件束缚的审美特征。平滑空间中异质元素的变量永远处于变化的状态之中,表达了空间环境的迭奏变化与韵律。

平滑空间的上述审美特征拓展了人们对空间样态的审美认知,同时也影响了当代建筑师思考建筑的视角,拓展了建筑师关于建筑形态和空间流动性的思考,使当代建筑突破了条纹的欧氏几何空间的限制,建筑形态、建筑空间形式焕然一新,也带来了当代建筑美学思想、审美观念和审美特征等新的发展方向。在"游牧"美学的视角下,空间的平滑与流动构成了人在时空中经历不同视点的直觉感知经验所生成的空间连续变化的图像。这突破了人们对欧氏几何空间的秩序性、等级性的认知,为当代建筑美学挑战传统建筑美学的笛卡尔空间坐标体系奠定了基础。

---

① Gilles Deleuze. Difference and Repetition[M]. Columbia: Columbia University Press, Preface to the English Edition, 1994: 10.

（二）空间—地理环境"界域"的审美图式

"界域"是环境和节奏的某种结域的产物。当空间环境中的异质元素由方向性变成维度性、由功能性变为表达性时，"界域"就产生了。"界域"是影响环境和节奏的一种作用，它是环境和节奏的某种"结域"的产物[1]，并呈现出节奏的表达性的审美特征。游牧民在空间环境中的生活、运动方式就是一种"界域"审美图式的呈现，其中也表达了他们所构建的平滑空间的流动的、表达性的审美特征。游牧民因循着惯常的路径，在大地上从一点到另一点，任何点都是中继的，到达一个取水点只是为了离开它，这点与点之间就构成了游牧民的路径，这些点之间形成的开放的、不确定的、非共通性的空间就构成了一个容贯性的平面，游牧民因此掌握了这一空间，这一空间就具有"界域"的属性，它是由游牧民生活的路径与大地发生解域与结域作用关系的产物。在这种关系中体现的是大地对其自身的解域，由此使游牧民发现了一片界域。大地不再是大地，它趋向于变为仅土地或支撑物[2]。由此形成了一个由无数的开放的点所构建的迭奏起伏的、容贯性的"界域"的审美图式。

空间—地理环境的界域性呈现为我们在宏观层面审美建筑与环境的关系提供了新的思考方向和思维逻辑，也为我们勾勒出一个关于平滑空间的审美图式。对于以往的处于层化空间的建筑我们都是在一个视角周围、在一个领域之中、根据一系

---

① [法]吉尔·德勒兹.资本主义与精神分裂（卷2）：千高原[M].姜宇辉，译.上海：上海书店出版社，2010：448.

② [法]吉尔·德勒兹.资本主义与精神分裂（卷2）：千高原[M].姜宇辉，译.上海：上海书店出版社，2010：441-551.

列恒常关系来理解建筑与周围环境的关系，建筑与环境之间是固态的、静止的关系。而空间—地理环境的界域性特征则为我们构建了一个理解建筑与环境之间关系的流动的模型，并呈现出表达性、流动性、维度的、动态的审美特征。扎哈建筑事务所设计的俄罗斯新城区规划项目（图2-12）所体现的就是建筑界域化的审美呈现。该项目开发了一个以人为中心的智能互联城市设计，通过组织公共活动将人们聚集在这个新社区，通过建筑形式及空间的组织，将场地自然肌理的开放性与包容性呈现出来，人在空间中的活动，就构成了一个强度的、迭奏变化的容贯性平面，呈现了人与建筑、环境关系之间的动态流动之美。平滑空间的"界域"审美图式为我们审美当代人、建筑与环境的关系提供了宏观的视角和动态流变的审美思维模型。

（三）平滑空间运作机制的审美逻辑

平滑空间是一个由各种异质元素以"游牧"的方式作用于空间的开放的、无中心的、根茎的能量场。在这个能量场中，

图2-12　俄罗斯新城区规划

空间组分的运作模式赋予空间表达性的变化节奏，这一节奏又构成了平滑空间中的一个个界域。因此，平滑空间的运作机制中蕴含的审美思维逻辑是向量的、拓扑的，与可度量的层化空间的等级的、秩序的审美逻辑形成了对比。这种审美逻辑的不同，我们可以借用德勒兹关于象棋和围棋之间支配空间区别的论述来进行阐释。德勒兹认为，象棋棋子是被编码的，它们具有一种内在的本性或固有的特性，由此形成了它的走法、位置和对抗关系；而围棋的棋子则正相反，它们是基本的算数单位，只有一种匿名、集体性的或第三人称的功能。围棋的棋子不具有内在属性，只具有情境性的属性。因此，这两种棋戏组成的空间也完全不同，象棋是在一片封闭的空间内进行部署，而围棋是在一个开放的空间进行列阵。象棋对空间进行编码和解码，而围棋对空间进行结域与解域 [1]。象棋和围棋所控制的空间形式和其中体现的思维逻辑为我们分辨出平滑空间与层化空间所蕴含的审美思维逻辑之间的差别。平滑空间中永远汇聚了空间界域的解域之线，它表征了事物创生和发展的一种普遍力量与主要机制，表达出有别于层化空间的认知和审美方式，蕴含了"游牧"美学迭奏、变化的表达性的美学思维和观念，与现代主义工具理性的、层化空间的审美逻辑形成鲜明的对比。

　　平滑空间游牧式的运行机制以及与环境结域、解域的开放性的运动过程中，蕴含了偶然性的因素，这种偶然性所呈现出的空间环境的迭奏、变化、多元的表达性审美特征，为解读当代建筑的复杂性空间形态提供了思维的依据，为对抗现代主

---

① [法]吉尔·德勒兹.资本主义与精神分裂（卷2）：千高原[M].姜宇辉，译.上海：上海书店出版社，2010：505-506.

义建筑的理性审美思维提供了哲学基础。现代主义建筑机械美学的思维方法以必然性和理性为思维基石，而忽视了客观世界无序、混沌、偶然、模糊等这些原初、自发的行为与力量。而德勒兹认为，"偶然性才是自然的存在，必然性是人为的结果，偶然性中蕴含了世界真实的结构，我们的创造潜能需要偶然性的刺激①"。因此，平滑空间中蕴含的空间变化的偶然性才是空间的一种真实存在，对于这种空间形态的瞬时定格取形使建筑呈现了丰富的空间形态（图2-13）和迭奏变化的审美特征。

图2-13　乌拉尔交响乐团音乐厅

---

① 韩桂玲. 后现代主义创造观：德勒兹的"褶子论"及其述评[J]. 晋阳学刊，2009（6）：76.

三、"无器官的身体"理论的美学意义

"无器官的身体"理论阐述了一个开放的、突破机体组织限制的身体,他通过"无器官的身体"与欲望和感觉逻辑关系的论述,建立了哲学与艺术之间的实证关系,拓展了哲学美学的疆域。"无器官的身体"创造了一个身体感觉的开放的空间,并将"经验""意义""感觉""生成"等关联起来为我们构建了一个无序的、混沌的审美世界,或者说是创造了审美新秩序的无序和混沌。"无器官的身体"将对建筑空间的审美经验拓展至开放性的身体经验及感觉层次上,建立了身体经验层次上包括视觉、触觉、味觉、嗅觉、听觉及运动感等各开放的感知器官与建筑之间的关联,为以感觉为逻辑的建筑空间审美及新的审美"意义"的创生提供了哲学的基础。

(一)"无器官的身体"容贯性的审美眼界

"无器官的身体"是一个开放的身体,它没有器官的组织,没有器官的分化,只有身体的各个层次和界限,是一个强度的容贯性的整体。"无器官的身体"的这一强度的容贯性表达,突破了器官之间固化的结构关联和相对稳定的结构,改变了人为划分的身体组织与机能同外界的关联,以及由此形成的审美事物过程中单一的、理性的认知方式。"无器官的身体"创造了基于强度和广度划分身体层次和界限的容贯性的审美视角和认知世界的方式。"无器官的身体"理论认为,器官本身具有变化的本性,这种变化也形成了感觉的不同层次及感觉之间的运动。"无器官的身体"是身体自身的一种能动综合后的感知

方式，是感觉的通感感知，它是不确定和多值的。随着身体与外在力的变化，器官的层次和界定会发生相应的变化，器官之间开放的、可变的关联也使它的审美认知世界的功能变得多元与增殖。在当代非线性建筑复杂形态的力的冲击下，感觉力量的强度直接作用于"无器官的身体"，生成了强烈的、无机生命的力量的写照，诉诸身体增殖的感知功能，形成混沌的审美意象。"无器官的身体"的审美世界的方式以不同强度占用空间，没有固定的形式，它是生成感觉强度的多样性的母体，生成的感觉又以不确定的、多值的关联强度作用于"无器官的身体"，将其引向开放的体验空间。

巴什拉提及过"多重感官的复调"[1]——眼睛和身体还有其他感官共同合作，这种感官的交互，加强并清晰呈现了一个人的现实感。当代复杂的建筑形态本质上是自然、历史、文化等进入人造领域的延伸，它为感知提供基础，为体验和理解世界展开多元的眼界。它通过复杂的时空结构将我们的关注和存在体验引向更广阔的境界。这种境界或称之为建筑复杂时空的"意象"，作用于"无器官的身体"的不同层次，生成活生生的审美感知图式。而复杂的建筑形态就成为激发这种纯粹的身体感觉存在的空间发生器，感觉在复杂性空间中聚合，在复杂性空间中转化与增殖。所以，"无器官的身体"理论为我们审美当代复杂性的建筑构建了一个身体感觉的整体的场，以感官不确定的、开放的、增殖的逻辑和异质性的关联来审美和理解建筑的复杂性特征时，建筑形态及空间与人的身体感觉之间，突破了记忆、想象、联想等心理官能的外在的、机械性的联系，

---

[1] Gaston Bachelard.The Poetics of Recerie[M]. Boston : Beacon Press, 1971 : 6.

使建筑与身体的审美体验之间产生了生动的关联。

（二）"无器官的身体"的开放性审美经验

从德勒兹"无器官的身体"对身体感觉内涵的阐述及其审美方式的解读可以看出，"无器官的身体"展现了整个身体从内向外的推力，这一推力打破了身体器官与部位的形象，打破了感官的界限，整个身体成为客观的、不可区分的区域，成为"无器官的身体"：身体是流动的身体，身体是运动的源泉，身体在努力地逃脱自身，或是在等待着逃脱自身，在此基础上产生了开放性的审美经验。这一状态下的审美经验体现了感官在某种刺激下，身体感觉整体生成运动过程中的审美感知的通感交融。也正是这种身体的整体生成运动和存在状态构成了各类艺术创作的形象。正是发生在身体感觉层次上的具体的活生生的审美体验激发了当代建筑不断创新的力量 [①]。反之，这些源于身体整体感觉的建筑的创新形式及力量，必然要通过身体通感状态下产生开放性的审美体验（图2-14）。因此，德勒兹"无器官的身体"的开放性运动过程，蕴含了身体感官之间的创新力量的审美经验的凝聚与升华；它打破了机械美学、技术美学将审美思维归功于理性的逻辑，突出了释放、诱发身体通感感觉在激发审美经验中的作用。

德勒兹"无器官的身体"理论对身体感觉之间通感感知状态的诠释，以及身体开放性状态下的审美经验，为当代复杂建筑与身体不同感觉层次之间的审美关联的构建提供了依据。"无

---

① 韩桂玲. 吉尔·德勒兹身体创造学的一个视角[J]. 学术论坛理论月刊, 2010
（2）：52-53.

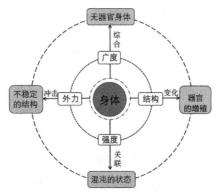

图2-14 "无器官的身体"审美经验图式

器官的身体"的通感状态的审美，使身体在建筑空间中突破了单一感官的限制，创造了身体感觉之于建筑开放性的审美经验。可以说，与任何艺术作品的际遇都暗示着与身体的互动，所有建筑都作为一种潜在的运动刺激（真实的或是想象的）在起作用。一座建筑就是动作的刺激物，是运动和交感的舞台。它是与身体对话的伙伴[①]。复杂建筑的时空形式激活了"无器官的身体"的开放性审美感知在空间中的流动与逃脱，使建筑本身成为通感的身体的映射。在某种意义上说，复杂建筑的审美过程就是"无器官的身体"在复杂建筑空间的自省、生成和运动过程。

四、动态生成论的美学意趣

生成论是德勒兹哲学的本体论，它的核心内容是基于差

---

① 汪原. 边缘空间——当代建筑学与哲学话语[M]. 北京：中国建筑工业出版社，2010.

异与流变思想基础上的动态的生成哲学观，蕴含了动态与流变的美学特征。德勒兹将生成置于存在之上，利用"块茎"的反中心系统、无结构、开放性的思维逻辑与传统哲学的"树状逻辑"形成鲜明的对比，创造出一个与现代主义机械美学、技术美学线性思维模式迥异的非理性审美思维的视阈，蕴含了创造性的生命审美力量。同时，生成论的反中心、非等级、一切皆生成的系统破除了以人类为中心的观念，实现了对人类中心主义和逻各斯传统的解构和消解，这都为当代后工业社会背景下适应生命时代、多元流变的建筑美学思维和审美价值的构建提供了可借鉴的思维逻辑。

（一）动态生成论的非理性审美思维逻辑

动态生成论作为一种动态流变的思维方式，蕴含了非理性的审美思维逻辑，与传统哲学美学系统化、中心化、层级化的审美思维逻辑相比，体现了极大的非整体性、非标准等特征，为当代复杂建筑的审美解读提供了脱离现代主义建筑几何霸权的多维度思维的土壤。动态生成论以"块茎说"的思维逻辑为表征，体现出异质混合、无意指断裂、解辖域化的非理性审美思维逻辑。

1.异质混合的非理性审美思维逻辑。异质混合的审美思维有别于传统层级明确的树形思维逻辑，它不存在规律性，体现出非逻辑的自由美学精神，以审美的非理性拒斥现代主义建筑美学理性的、逻辑性的纵向性思维方式。异质混合的非理性审美思维具有多元化、无中心、发散性等思维特征。它就如同"块茎"的生长总包含异质性的构成要素，并与其他"块茎"形成一个庞大的相连接的网络，不同"块茎"间的异质元素又有可能结合成一个新的"块茎"，其中蕴含了多元的、异质性的、创生性的美学意蕴和审美逻辑。这种审美多元性的综合消解了人们思想中固有的封闭的、单一的、秩序性的审美秩序，为当代建筑师的非理性审美思维指明了方向。

2.无意指断裂的非理性审美思维逻辑。无意指断裂的审美思维逻辑与线性的审美思维逻辑相对立，具有极大的非理性特点。它是指在审美客观对象的思维的过程中可以不按照线性思维逻辑的发展方向，而随时任意切断思路，重新任意连接形成无数新的思维逻辑。这在审美的主体与客体之间，自然现实与精神现实之间建立了一种互补性的关联，从而在某种程度上实现了审美对心理上的"疗愈"功能。因此，在无意指断裂的审美思维逻辑中，涌动着无数种审美思路的分割路线和逃逸路线，通过这些分割路线，审美的逻辑被分层、分域，与此同时，又在这些逃逸路线中不断的复生。此时，审美的主体与客体间的界限变得模糊，构成一个容贯性的整体，在精神的世界里实现审美的乐趣。这一思维逻辑为当代建筑审美提供了反系统、反逻辑的思维模式，对当代反建筑、反造型等复杂的建筑形式审美提供了依据。

3.解辖域化的非理性审美思维逻辑。"辖域化"代表了传统西方文化中存在着的对人的思维的限定性的模式，它又被引申为一种既定的、现存的、固化的有着明确边界的疆域①。德勒兹用"辖域化"指涉等级制的社会体系和思想结构及其统治下的中心主义的静止时空，而从这种等级制度和时空体系中逃

---

① 白海瑞.奔跑的竹子——论德勒兹的生成论[D].陕西师范大学，2011：17.

逸出来的过程就是"解辖域化"①。"解辖域化"体现在审美思维中则表现为对现代主义审美主体性、中心化、自律性的审美思维模式及专制的符号系统的逃离。通过对既定机械的、理性的、技术美学思维辖域束缚的摆脱,"解辖域化"的思维模式为非理性的审美思维的生成提供了可能性。其思维模式中体现出的充满活力的差异、流变、逃逸、生成、多元、非中心、零散化等的后结构主义审美思维方式,为当代建筑的美学理论突破理性主义的束缚提供了哲学基础。

德勒兹动态生成论中呈现的异质混合、无意指断裂、解辖域化等的审美思维逻辑均是对现代理性主义美学二元论思维逻辑的颠覆,体现出多元、差异、非中心、内在性、不可通约性等的非理性审美思维特征。这一思维模式为当代建筑美学理论突破以维特鲁威美学为基础的理性话语、摒弃普罗太格拉的"人是万物的尺度"的观念提供了思维的方向。解辖域化的非理性审美思维逻辑使人们转换了以建筑为本体的单一的审美视角,建筑处于后现代主义的消费社会文化之中,与社会形态的各种边界和特征变得模糊不清甚至融为一体。这使当代建筑的审美变得多元而难以框定,当代建筑美学的思维方式进一步拓展。

（二）动态生成论的"中间领域"审美视阈

"中间领域"概念是黑川纪章在新陈代谢空间论中提出的。它是假设性在两者之间、对立双方之间,设定的共通的东西。

---

① 刘杨.基于德勒兹哲学的当代建筑创作思想[M].北京:中国建筑工业出版社,2020:76.

中间领域是无法强行划分到任何一方，或被排除的领域和要素。中间领域包含着暧昧性、双重性和多义性，是流动的、变化着的。[①] 德勒兹动态生成论中"块茎"的生长方式同样为我们展示了一个物质世界异质元素多元、流变、动态的运行模式。并且"块茎"既非主体也非客体，既无中心也无整体，可以以最快的速度与环境交融，如同一个动态流变的"中间领域"，体现了调和异质、对立元素的审美特征，并在动态的调和中实现审美意义的增殖。

以"中间领域"的审美视阈解读当代建筑与环境的关系，指涉了建筑作为连接自然生态与人类社会、文化、历史、艺术、心理等多样性环境的介质。建筑由此脱离了机械美学单一的、孤立的审美逻辑，成为人类感受、审美自然生态，理解社会形态的"中间领域"媒介。"中间领域"的审美视阈破除了建筑在人们心中司空见惯的形象。"建筑不再是建筑"的"中间领域"建筑形式，重新激发了人们对当代建筑的审美再发现与思索。

格里姆肖建筑事务所设计的浮动模块化住宅（图2-15）为我们诠释了建筑作为"中间领域"的审美表征。浮动模块化水上住宅可以根据场地的布局、光源和景观来定位和隔开，可以根据实际需要进行定制，最大化地向人们展示住宅极大的灵活性、与环境适应的可变性。水屋还可以与水下能源进行能量交换以保证自身的能源供给，构建了一个人、建筑与环境开放融合、可变的容贯性网络，展现了生态美学的审美意蕴。

---

① [日]黑川纪章. 共生思想[M]. 贾力，等译. 北京：中国建筑工业出版社，2009：195.

图2-15 浮动模块化住宅（格里姆肖建筑事务所）

德勒兹生成论中以"块茎"为喻体，绘制了物质世界相互依存、多元共生的关系，其中蕴含的无中心的、动态流变的审美图式和生态学的审美意蕴，为本书"中间领域"建筑美学思想及理论体系的构建提供了理论基础。

第三节　德勒兹哲学对当代建筑美学理论的影响

德勒兹差异哲学和流变美学思想中所展开的对"块茎""褶子""游牧"等现象的深刻观察与探讨，打破了人类中心主义观念，蕴含了活力论的美学思想，这为我们提供了建立异质事物之间关系的审美图式。德勒兹不断地从文学、艺术、建筑等哲学以外的学科中汲取灵感，构建了其生成哲学和流变美学的思维模式，并以新的视角论述了他关于时间、空间、身体、生态等问题的哲学思考，这些问题直接影响到当代建筑美学思想及审美观念的嬗变。历史证明，关于这些问题的哲学思想的转变必然引发建筑思想及建筑美学的革命性变革。德勒兹关于时间、空间、身体、生态等问题的哲学思考及其流变的美学思维模式，为我们构建当代多元异质的建筑美学思想体系提供哲学依据，为当代建筑审美观念、审美思维的非理性化转向提供了认识论基础。

一、时间观的改变

时间作为客观世界中物质运动的参数，哲学界一直在不断地探讨。从亚里士多德到柏拉图、康德、尼采、柏格森、德勒兹，时间一直是哲学存在论研究中的根本问题。随着时间在哲学研究中的深入，时间在建筑中的视角以及对建筑审美的影响也随之发生相应的变化。哲学界对于时间的探讨，经历了古代哲学、近代哲学、现代哲学和当代哲学四个阶段。①古代哲学中，柏拉图和亚里士多德将时间看作是运动或运动的数目，时间以循环的形象出现，从属于自身所度量的内容，因此，时间是一个受外力约束的循环，表现在审美观念上则体现为写实、模仿、再现式的艺术表达，体现了人们对实在世界本身的信赖。②近代哲学中，康德将时间从它所度量的运动中分离出来，内化为人类感性直观的纯形式即内感形式，时间成为一种主观的时间，但仍然是属于自然时间。体现在审美观念上，则表现为由模仿转变为表征的艺术表达和审美形式。③现代哲学中，尼采将时间置入人的生存情境中进行探讨，由此扭转了时间研究的唯自然科学取向。时间不再是一种单纯的线性顺时间，而是形成一种时间的螺旋。永恒与瞬间被尼采视为时间的两个不可分割的部分：永恒是时间外在性的表现，瞬间是时间内在性的表现。随后柏格森提出"纯粹的绵延时间"的概念，打破了以空间作为介质来计算时间的形式，突出心理状态对时间瞬间性东西的直接体验和时间存在的多样性、异质性状态。柏格森将"心理时间"定义为通过直觉体验的时间，称之为"绵延"，并将其看作是真正的时间。他认为，真正的时间是连续不断的流，这个流是完全异质、不可分割的，不能被空间化。体现在审美观念的变化上则是对艺术表征和再现本身的怀疑，而转变为对艺术表意的实践，但是这种实践还是建立在实在世界本身的基础上。④当代哲学中，德勒兹在柏格森"绵延"时间观的基础上将"时间"看作是一条绵延不绝的内在精神之流，而运动只是时间的一个视角，自由的时间实际上就是异质不规则运动的连续。表现在审美观念上则体现为对现实世界的怀疑，由此转变为精神和情感的艺术表达和审美。德勒兹将对自由时间的认知应用于电影，建构了"时间—电影"这一全新概念的剪辑形式，以时间为视角诠释了影像、感知及运动的关系，由此也带来了全新的时间观念和审美视角。

与哲学界关于时间的认知相对应，时间在建筑中的体现与发展及其建筑审美观念的变化也大致经历了四个时期：①以古埃及、古希腊的神庙及中世纪的哥特式、巴洛克式教堂建筑为代表的古代建筑时期。体现出非时间性的建筑观，此时，时间因素在建筑上显现相对微弱，只体现为建筑空间在随视点转换时呈现在时间轴上的微妙变化。这一时期，建筑以崇高的形象表征王权地位和权力意志，体现出崇高的建筑美学观。②近代建筑时期。体现出时间性的建筑观，通过复古主义对历史表意符号如希腊柱式、哥特尖券等在建筑上的呈现，赋予建筑存在的时间性。此时，时间在建筑上的表现已经脱离了其自然属性，而注入了主观的表现形式。这一时期的建筑标榜历史主义形式符号和语言在建筑上的复现，表达出历史主义的形式美学观。③现代建筑时期。体现出时间蕴含于空间的建筑观，工业革命引发了社会变革，人们开始崇尚机器产品及技术美学，建筑界提出"房屋是居住的机器"的论断，空间成为建筑表达的主题，出现了流动空间、连续空间、移动空间等建筑设计表现手法，通过建筑中人的行为活动及个体体验来感受时间的变化[①]。这一时期建筑以工业技术性及空间的简洁表达为审美标准，体现出建筑的技术美学观。④当代建筑时期。体现出时空连续的四维空间的建筑观。后工业社会信息技术的发展，信息传递速度的加强，缩小了人们对空间距离的感受，人们对时间的体验逐渐加强，世界的空间化特征逐渐向时间化转变，并呈现出时间空间化、时空压缩等特征。同时，信息技术使建筑以影像的方式大量存在并被人们所感知，这改变了人们依靠身体运动感知建筑空间的方式。时间成为一个主要的参数介入建筑空间的表达，并表现出断裂、非连续的共时性特征。这一时期的建筑，由于其时空同在的非时序的、复杂的时空关系，超越了现代建筑时期线性时间的历时性逻辑，建筑的时空逻辑趋于复杂，表现出非理性、非整体、非统一

---

① 徐俊芬. 透视建筑时间之维 [D]. 华中科技大学，2006：23-40.

的建筑美学观念。

时间在哲学观、建筑观上的变化必然带来建筑美学观的改变。当代信息社会背景下，信息影像技术及媒介的发展使时间在影像中被人们直接体验和感受。而德勒兹的"时间—影像"理论在信息社会的背景下，体现出极大的时代适应性。可以说，德勒兹的哲学是以崭新的时间哲学为基底的。德勒兹的时间观拒绝机械的、结构化的认知方式，着眼于生命绵延、异质的本质，将其存在的可能性向无限的时间之流开敞，这改变了我们以往审美建筑时间观的视角。当代建筑在复杂科学和信息技术的推动下呈现出多样性、无限性的时间观。德勒兹的"时间—影像"中所阐释的直接时间影像的非时序的时空逻辑，对当代复杂建筑时间与空间关系的审美提供了哲学依据，德勒兹哲学的时间观正契合了当代建筑时空观和美学观的发展方向。

二、空间观的拓展

历经柏拉图、亚里士多德、笛卡尔、海德格尔、德里达、德勒兹，哲学上对空间的认知经历了从物质层面的绝对客观性向人的知觉层面的生动性的深化过程。这一过程也影响了建筑空间审美认知的发展，伴随着建筑经历了由简单到复杂的发展过程，建筑空间的审美也经历了由空间的物质尺度审美向社会尺度和精神尺度审美转变。古代建筑时期，建筑在空间形式上表现出严格的等级制划分，建筑空间体现出神圣的或是世俗化的等级形式，神庙、教堂等建筑代表了王权的权威性，体现出封闭式、局域化的空间审美观。现代建筑以来，现代主义哲学的理性主义使"形式追随功能"成为现代主义建筑运动的基本信条[1]，其空间审美是建立在空间物质性基础上的抽象审美观，空间审美中物质因素起着决定作用，是机械决定论的集中体现。在空间形式上则表现为欧氏几何主导下的盒式空间，在美学的形式语言上表现为纯净、简洁、工具理性的特点。当代建筑时期，随着复杂科学和当代哲学空间观的进一步发展，当代以德里达和德勒兹为代表的哲学家对空间的绝对性观念提出挑战，提出解构与断裂、折叠与平滑的空间概念，致使哲学关于空间问题的思考向差异性、多元性的方向转变。渗透到建筑领域，传统的欧氏几何空间观念下工具理性的审美观念受到挑战，欧氏几何空间中所描述的空间样貌只是空间的某个片段，不能形成人们对空间的整体认知，空间的排列和组合体现的是点与点、要素与要素之间的相邻关系，它是一个系列和网络，是运动变化的[2]，包含了自然空间、社会空间及精神空间的属性。因此，仅以正交体系为主导的抽象盒式空间的工具理性空间观和审美观念相比当代复杂科学背景下建筑空间的多样性、时空的重叠性发展态势而言，就显得有些背道而驰了。

当代建筑的一些先锋建筑师在哲学思想的引领下，开始了复杂建筑空间形态的研究，当代建筑的空间观开始向异质性、多元化转变，其审美也体现出非理性的特点。而德勒兹的哲学在吸收前人的基础上，以全新的视角对空间问题进行了深刻的探讨，提出了平滑空间、界域、解域、逃逸线、游牧等一

---

① 汪原. 边缘空间——当代建筑学与哲学话语[M]. 北京：中国建筑工业出版社，2010：4.

② Michel Foucautt. Of Other Space : Uptopias and Heterotopias[M]. Lotus Internation，1985：48-49.

系列的空间概念，与当代建筑复杂性空间的发展方向相契合，深化和拓展了当代建筑的空间观，当代建筑在形式语言上表现为复杂、流变、非理性等特点。德勒兹通过对物质世界中空间现象的思考以及游牧民生活方式的观察，创造了平滑空间理论。提出了平滑与条纹，游牧与定居，解辖域化与辖域化，褶皱等空间操作及空间形式的创新性概念。德勒兹的平滑空间理论，就如同一个奇异的吸引体一样，融贯了拓扑学、形态学、地理学、生物学、复杂性科学，这为当代建筑空间观的进一步拓展与延伸奠定了哲学基础。在德勒兹空间理论的影响下当代建筑的空间形态从解构转向了折叠，从解构主义的矛盾与冲突转向了连通性的流体逻辑。德勒兹哲学中蕴含的流变美学思想，为当代建筑异质、复杂、多元、流变的空间审美提供了思维的依据。总之，德勒兹的空间理论及其对平滑空间运行机制的研究，拓展了当代建筑的空间观念，也为我们认知及审美当代建筑空间复杂性的发展趋向提供了思想之源，为解读当代建筑与空间异质要素之间的美学意蕴提供了哲学思想上的引领。

三、身体观的延伸

从维特鲁威开始，我们就以身体为模数来确定建筑的空间比例关系，建筑中关于身体的认知直接影响着建筑的发展和建筑美学观念的嬗变。古典主义时期，身体作为一种完美的度量尺度应用于建筑的比例中，我们将身体投射到教堂的立面上，感受建筑的凹凸尺度，形成了崇高的建筑美学观。现代主义时期，工业革命带来了机器化的生产方式和工具理性的人文精神，作为机械化产品的建筑表现出简约的时代精神，使机器美学、技术美学成为现代主义建筑的美学精髓。此时，身体作为几何度量的工具被引入建筑空间尺度的度量，柯布西耶将人的行为状态进行量化，创造了"人体模数"。建筑体现为以人体尺度为标准的空间体块组合，身体活动的范围空间被高度地抽象、简化后作为建筑空间合理分配的依据。这一时期，身体在建筑中的应用表现为身体的工具性，而非真正的身体主体性的应用。现代主义大师密斯·凡·德·罗的范斯沃斯住宅是这一时期身体工具理性在建筑中应用及体现的巅峰之作，体现了密斯"少就是多"的技术美学观，该建筑就如同一个玻璃盒子，晶莹剔透，单纯的平面形式和精简的立面造型，精简掉了任何多余的、不具有结构与功能依据的装饰，这一住宅建筑是密斯简洁的钢框架体系和玻璃幕墙结合使用的典型实例。而现代主义建筑大师阿尔瓦·阿尔托在坚持工业化工具理性设计理念的同时，通过建筑中不同材质的应用综合身体感受，注重了建筑形式与人的身体及心理感受的和谐关系。随后现象学在建筑中的兴起，使身体主体性逐渐在建筑中得以呈现。建筑不再是坚实的客体，而是具有现象感应能力的身体感官对于空间的异质化体验[①]。巴什拉提及过"多重感官的复调"——眼睛和身体还有其他感官共同合作，这种感官的交互加强并清晰呈现了一个人的现实感。建筑本质上是自然进入人造领域的延伸，它为感知提供基础，为体验和理解世界开阔眼界。它不是孤立自足的人工制品，它把我们的关注和存在体验引向更广阔的境界[②]。

---

① 申绍杰，李江."身体"视野下的现当代建筑学扫描[J].建筑学报，2009（1）：29.

② （芬兰）尤哈尼·帕拉斯玛.肌肤之目——建筑与感官[M].刘星，任丛丛，译.邓智勇，方海，校.中国建筑工业出版社，2016：49.

当代社会，动态多元的哲学思潮，以及科学领域关于复杂现象的研究使当代建筑呈现出异质、复杂的发展趋向，身体之于建筑已经不仅是比例的投射及空间构筑的尺度，而更多地体现为精神层面的感知与体验。高科技手段拓展了建筑师处理身体与空间的操作手法，身体感知与建筑之间的互动性得到加强。建筑师更加关注身体的空间知觉和行为体验在建筑设计中的应用，科技的发展使身体在建筑空间中的表达维度得到拓展。身体成为人们体验建筑的一个核心，使建筑更富有生命力，感官体验通过身体与空间更为融合。

德勒兹哲学作为当代后结构主义哲学的典范，其关于身体理论的探索对当代建筑身体观的转变产生了巨大的影响。德勒兹对身体问题的探讨突破了西方哲学长期以来身体与意识的二元对立的关系，将身体从意识支配下的被动工具中解放出来，身体是流动的身体，随时可以逃脱自身。德勒兹提出"无器官的身体"的概念，阐述了身体在没有形成器官之前的最原初的状态。"无器官的身体"就像一个未经分化的卵，对于外界的一切刺激只能感受到一股力的强度，它可以萌发、创作、生成一切的欲望。"无器官的身体"就如同一个有机体，摆脱了它的社会关联及社会属性，成为与社会不关联的、解离开的、解辖域化了的躯体，从而以新的方式重构个体与自然界及社会的真正关联。进而让欲望自由的流动，顺应身体本能自发的力量，摆脱人在现实社会中的异化状态[①]。我们是用整个身体去观看、触摸、聆听和度量世界的，这种经验的世界以我们

---

① 韩桂玲. 试析德勒兹的"无器官的身体"[J]. 商丘师范学院学报，2008（1）：8-9.

的身体为强度的核心在德勒兹的身体理论中得到清楚的表达，德勒兹的"无器官的身体"理论为我们提供了认知身体知觉与体验的一个全新视角，为我们解读当代信息社会背景下身体与建筑的关系、建筑的身体观提供了哲学依据，为以身体体验为主体的建筑空间的审美解读提供了哲学思想的佐证。"无器官的身体"作为建筑与当代社会的介质，改变了现代主义建筑美学的功能主义核心，从身体体验的角度，强调了当代建筑的艺术审美新维度，同时也深化了当代建筑美学理论的多元化属性。

综上所述，关于身体问题的探索一直是建筑师和哲学家共同关注的问题，随着身体问题在哲学领域研究的深入和关注视角的转换，必然带来建筑领域身体观的转变及身体和空间关系的变化。尤其在当代后工业社会的背景下，德勒兹哲学对于身体的阐释及研究契合了当代建筑所呈现出的身体特性，为当代建筑多元化美学理论和审美维度的构建提供了哲学的理论基础。

四、生态观的深化

生态问题是当代建筑领域所关注的核心命题。经历了"住宅是居住的机器"的机械时代，建筑因为建筑本身而存在，与所在环境（人文、历史、自然等）完全割裂，导致"建筑至上主义""国际风格"等的出现。从美学的角度来看，工业文明、机械时代的审美意识具有简洁、单纯、正确、纯粹、目的明确、抽象和明晰的特点①。依靠这种单纯性与明晰性，现代建筑实现了提高批量生产效率的工业化目标，但却忽视了自然资源的有限性和生命的多样性。工业文明带来社会经济、技术发展的同时也带来了地球生态失衡的惨痛代价。进入20世纪90年代，伴随着可持续发展思想在建筑领域中的不断发展，关注生态问题，实现人、建筑、自然的和谐统一已经成为当代建筑共同的目标和使命②。当代建筑师运用参数化技术等手段对建筑场地环境等因素进行分析，建构开放的建筑形式，形成了建筑形态、功能等与生态环境的融合。当代建筑迎来了生命时代的转折，而在这一过程中，德勒兹关于生态问题的思考视角及其中蕴含的深层生态学观念、生态美学意蕴契合了当代建筑师操作建筑与环境关系的思考方向，指引了当代建筑生态观的深化，为以建筑与生态环境关系的宏观视角审美当代建筑的发展取向奠定了哲学理论基础。

德勒兹哲学生成论中的核心思想就是基于对当今社会自然环境和生态问题的关注与思考。德勒兹把思考环境看作一个思考复杂性问题的过程，把生态看作一种平衡文化和自然力量的动态整合的运作方式。这种整合体现出无穷尽的衍生性，具有解决现实问题的实用性③。德勒兹用"块茎"的运作方式来表达他的生态观念，体现了非人类为中心的思维方式和对机械时代"理性主义"和"人类中心主义"的反叛。我们可以从德

① [日]黑川纪章.共生思想[M].贾力，等译.北京：中国建筑工业出版社，2009：24.

② 杨震.建筑创作中的生态构思[D].重庆大学，2003：8-10.

③ Bernd Herzogenrath. An Likely Alliance : Thinking Environment with Delenze/Guattari[M]. Cambridge : Cambridge Scholars Publishing，2008：2.

091

第二章　基于德勒兹哲学的当代建筑美学理论基础

勒兹关于黄蜂和兰花这一"块茎"关系的比喻中窥见其生成论的核心内容。在黄蜂和兰花所组成的生物体"块茎"中，兰花通过黄蜂帮助自己授粉。黄蜂受到吸引，理所当然地"住"在兰花里。兰花发展出一种特定的（形态）属性吸引黄蜂，黄蜂也具有了一种服务于兰花的行为模式。黄蜂适应了兰花，兰花也适应了黄蜂。德勒兹指出，这是一种互相"生成"的形式。黄蜂生成为兰花，兰花生成为黄蜂。黄蜂和兰花的"组合"体现了一种生物体块茎中"不断运动变化的无中心多元性"[①]。"块茎"思想中蕴含了自然生态的无限性观念和非人类为中心的生态观念，为我们重新审视和确立人与自然生态、自然环境的关系提供了新的思考方向。

　　"块茎"的开放性组织方式与多元性的运行机制，为我们解读当代建筑与环境的适应性生成方式、运行机制，以及蕴含其中的审美图式和美学意蕴带来了新的启示。当代建筑通过与场地生态环境的互为生成的组织模式，体现出无限变化的动态性、复杂性特征，体现了游牧与流变的空间审美意蕴。当代建筑在与环境互为生成的生态观念的影响下，改变了以往单纯通过利用自然资源和能源来实现建筑生态功能的单一的思维方式。建筑向环境过渡延伸，通过复杂信息技术的支持，实现了建筑与外在自然环境和历史、文脉、艺术等社会环境的开放性关联，并形成了一个与环境相适应的动态更新的自适应系统。这就打破了现代主义以来，建筑作为其由内部规律而规定的独立个体的面貌，改变了现代主义建筑盒式空间的造型形式，呈现出与其生长环境相适应的各种复杂形态。蕴含了当代复杂建

---

① Ansell Pearson. Germinal Life[M]. London：Routledge，1999：156.

筑与环境之间互为生成、动态适应的深层生态学审美意蕴。

　　总之，信息技术、复杂科学、数字技术等的支撑使得当代建筑打破了现代建筑规范、理性的空间形式，建筑不再单纯作为工程设计的产物，而更加关注与自然、社会、历史等环境的融合，建筑的发展就如同德勒兹哲学一样，打破了单一学科的界限，并表现出纷繁复杂的形态样貌。建筑时间观的改变、空间观的拓展、身体观的延伸及生态观的深化，都促使了建筑空间形式语言的变化，从而带来建筑所承载的美学意涵的嬗变。德勒兹哲学美学对时空观、身体观及生态观的重新诠释，为我们解读当代建筑的美学意涵提供了思维的原点。

第二章　基于德勒兹哲学的当代建筑美学理论基础

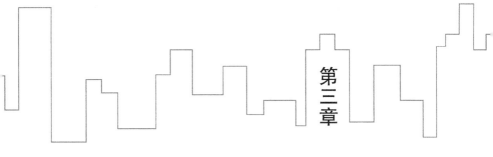

第三章

基于德勒兹哲学的
当代建筑美学思想
解析

　　信息时代的发展以及复杂化、生物化、智能化的科学技术的变迁，使人们所生存的空间环境变得更为复杂、多元。人们在工业社会背景下形成的单一化、模式化的思维方式和思想观念发生了根本性的改变，也带来了人们对所生存空间需求和认知的变化。建筑作为人们生存空间最直接的载体和最能够体现时代精神的艺术形式，也在随着社会的变迁和人们观念的改变而发生着变化。首先，信息技术的迅猛发展使影像成为建筑存在的一种客观方式，并且使得建筑的空间形式从实体空间向虚拟空间延伸。其次，复杂科学的发展及其在建筑设计中的应用，使得建筑空间、形态都发生了复杂、异质的转变。再次，信息时代、数字技术的迅猛发展，使得工具理性的思维及行为模式充斥着人们的生活空间，人们在内心深处更加呼唤生存空间对身体感知与情感的关怀，由此催生了空间与身体感官交互发展的建筑形式。最后，信息技术、生物技术、智能技术的发展，使建筑脱离了独立的存在个体而向着生态化、智能化的方向发展，出现了能够自组织更新的生命建筑形式。这些新的建筑形式打破了现代主义建筑中功能主义、表现主义的美学倾向，给人们带来了强烈的视觉冲击。同时也带来了新的审美困惑。而德勒兹关于"时间—影像""平滑空间""无器官的身体""生成论"等哲学阐释为当代建筑现象的美学解读提供了新的视阈，为当代建筑美学思想体系的构建提供了哲学美学的依据。

第一节　基于时延电影理论的
"影像"建筑美学

信息社会电影电视、网络等视觉化传播媒介的发展，使得影像成为建筑存在的一种客观方式，参与着建筑空间的创造。建筑影像的大量存在，改变了人们对建筑实体空间的审美认知方式，建筑作为一种影像符号被人们感知和消费。在某种意义上，信息时代影像已经成为建筑的本质，是建筑空间不可或缺的因素和语言。正如努维尔所说，"既然我们生活在一个视觉文化不断增加的时代，那么电影、电视及互联网的语言对于今天的建筑来说就是合适的 [①]"。面对着建筑空间表现媒介的延伸，我们应该以怎样的逻辑和思维方式来解读其背后的美学思想，德勒兹时延电影理论中影像本位的视角及"时间—影像"的非线性时空逻辑为我们提供了"影像"建筑美学的理论基础（图3-1）。

一、"影像"建筑美学的时延电影理论基础解析

德勒兹的时延电影理论是在柏格森"绵延"的时空观基础上，对"时间—影像"模式的探讨和对"运动—影像"的超越。德勒兹通过对时间的异质性、多样性、不断变化的流动过

---

① 大师系列丛书编辑部. 让·努维尔的作品与思想[M]. 北京：中国电力出版社，2006：8.

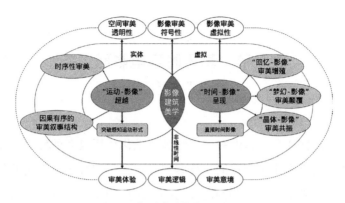

图3-1 "影像"建筑美学思想体系

程的阐释，建立了时间与影像的关系；通过在时间绵延的流动过程中，引进时间本身延续的间隙，确立了多维度的时空，并建立了时间绵延与人的意识、思维活动的内在关联，时间在人的意识层面无限绵延、延伸，改变了人们原有的线性时间观念。这一理论渗透到建筑领域，使建筑影像超越了线性的时间进程，呈现出在不同时空中的非线性运动，此时影像的"感知—运动"模式在建筑空间中被打破，直接以"时间—影像"呈现出来。线性的因果逻辑已经不能完成对影像建筑空间的解读、感知和审美。我们被带入了一个关于建筑非物质实体空间跳跃的、差异的、非线性的影像逻辑开放性的审美过程，这一过程使建筑空间向知觉的审美体验回归。

（一）非线性时间的审美逻辑

根据柏格森的观点，在我们传统认知的四维空间中，时间表现为空间中散布的各个节点组成的一个线性的秩序排列，属于物理时间的范畴。这是一种纯粹介质的时间，与数量、空间相对应，是时空存在的一种理想化状态。在这样的时空中，影像以空间固定化切面的形式串联排列，体现了时间的进程。而在现实的存在中，真正意义上的时间是一种异质性、多样性的时空"绵延"的连续体的相互渗透，其时空转换没有明确的分界线，而是与时间所表达出来的性质和强度相对应。在这样的时空关系中，影像表现为多样性影像的绵延之流的汇聚。此时，显现强度的绵延是影像的直接材料，影像在这种时间的绵延之流中呈现出真正的连续性运动。在此基础上，柏格森又将"绵延"与我们的意识和思维联系起来，"绵延"又代表着我们意识形态感知不同瞬间的连绵过程。柏格森的"绵延时空观"体现了对传统线性时间模式的超越，它是关于异质、多样性的非线性时间模式的探讨，体现了非线性的时间逻辑。柏格森创造了关于时间非线性运动的倒圆锥时间模型，为我们呈现了时间的非线性循环往复的关系和时间流动。在这个模型中，时间通过不断地差异重复，实现自身非线性时间的绵延运动，而并不只是从一个节点移动到另一个节点的线性的空间运动。在真正意义的时空关系中，影像世界中包含了共生共处着的完整的过去与可见的现在，它就如同一个发光晶体，不同切面之间相互映照与折射。将自身的潜在差异状态共时性地呈现在现实现在的可视层面，影像在非线性的时空中绵延流动。在这样的时空影像中，审美的自身逻辑包含了多样性的形式，体现了对工具理性对抗的一种张力状态。它为人们现实世界理性带来了压力，为日常生活的规律性带来了创造性的火花。

德勒兹的时延电影理论在非线性的时间流动过程中还体现为在心理感知和精神层面的绵延。体现在审美逻辑上，该理论则表现为审美感性迸射出的生命意义的体验，是对非理性审美的生命体验的升华。德勒兹在柏格森"绵延"时间观的基础上，将时间的绵延流动延伸到心理层面。通过个体内在经验来把握电影运动切面绵延不绝的时间流动，这种内在经验不再切分运动，也不再错失掉影像运动的微小区间，而是直接将其经历为不可分割的整体——德勒兹将其称为"具体时延"，即不可计算、只可经验的"时延"，这就是他所说的真正的时间[①]。在德勒兹"具体时延"的时间与影像的关系中，影像中的每一瞬间都体现了时间差异运动的非线性的"生成"过程，时延的影像在绵延不断的内在精神之流中生成审美体验。此时，影像是时延的、敞开的全体，蕴含着无限的可能性、创造性。德勒兹建立的这种真正的时间感知与影像之间的开放性审美关联，打破了我们关于线性时间影像的传统理性的审美思维逻辑，以及空间化、层级化的影像审美思维模式。这将我们关于时间和影像的线性的时间维度延伸至非线性的、异质的心理审美感知的精神维度，传统的空间固定化切面的影像在思维意识层面中拓展为不同时空切面影像的非线性异质生成，最终形成了思维内在性的、非线性的影像审美逻辑。

非线性时间的审美逻辑以及回忆、梦幻、晶体影像的非线性生成与内在经验的时间感知之间的开放性关联，为光电子时代影像建筑的审美解读提供了多维度的思维方式。光电子时代，建筑的本质就是影像。影像在每一瞬间的差异运动及非线性时间模式的生成，将人们带入复杂信息流动的审美意境。复杂流变的建筑影像不断将自身潜在差异状态的过去呈现在现时的可视层面，使受众在体验建筑空间影像的共时性过程中感受

① 司露.电影影像：从运动到时间——德勒兹电影理论初探[D].华东师范大学，2009：8.

时间多样性在场的审美体验。并且在这种体验中，建筑影像所呈现的视觉信息是对动态影像所构成的情感空间（而非均质空间）叙述的隐喻。这种情感空间不同于视觉的欧几里德空间，而是一种场，非均质的，同影像或时间的某种多样性结合在一起，无法量化，也没有中心，只能通过身体和心灵去感受①。以法国建筑师让·努维尔的"阿布扎比卢浮宫博物馆"（图3-2）为例，该建筑为我们认知影像建筑的非线性时间审美逻辑提供了例证。这座博物馆的圆屋顶有590英尺宽，是迄今为止努维

图3-2 阿布扎比卢浮宫博物馆

① [英]冯炜. 透视前后的空间体验与建构[M]. 李开然，译. 南京：东南大学出版社，2009：57.

尔最受瞩目的标志性项目。圆屋顶由经过精心研究的复杂几何图案层叠而成，在叠层中以不同的尺寸和角度重复，当光线射入时，就形成了博物馆内部空间交错叠合的影像，将观者带入差异、运动影像变幻的非时序性的审美逻辑叙事中，在影像的变换中体验时间的流动。在斯诺赫塔工作室为费城坦普尔大学设计的图书馆（图3-3）中也能体验到非线性的审美逻辑。图书馆大堂的圆顶中庭为大楼的每个角落提供了视野，一楼的圆顶天花板上刻着一个圆形的缝隙，其中空的设计一直延伸到大楼的顶层，使整个图书馆的空间开放混合。参观者行进于空间中，能够共时性地体验到多个空间影像的渗透与叠合，图书馆

（a）建筑形态

（b）共时性体验的内部空间

图3-3　坦普尔大学图书馆

完全用玻璃包裹的顶层及顶层的绿色屋顶又将它与外部环境连接起来，给人一种嵌入大自然的意外的感觉，将人们带入多维度时空非时序、共时性存在的审美意境。

线性时间的超越以及时间和空间线性关系的断裂，使空间中固定化切面影像的线性叙事秩序破碎。那些接近过去时面的时空影像碎片被不断地压缩到我们当下的空间界面中，带来空间和时间距离引发的建筑遮蔽的消失，建筑以影像的方式被人们感知。人们在思想、情感及精神层面进入了与建筑实体共时却不共地的空间想象的审美逻辑，建筑影像在受众的审美感知心理上变为透明。例如我们对埃菲尔铁塔、大笨钟等世界各地标志性的建筑形象的感知或记忆大都来自超越了时空距离的远程在场的建筑影像。这些影像以时空影像断裂的各个切面之间的相互作用，最终形成了人们的审美印象并留存于记忆之中，当与其相近似的空间影像在思维中碰撞时就会使人们进入影像审美的联想逻辑。

非线性时间的审美逻辑使人们进入关于建筑空间影像的共时性与多样性的情感体验之中，建筑影像成为承载差异状态的过去与现实现在复杂、流变、异质信息的媒介，丰富着人们的审美感受，形成了我们审美建筑形式及语言的思维内在性的影像逻辑；同时，时间进程中线性秩序的断裂，使得过去时面的建筑影像碎片被不断压缩到当下的空间界面中，建筑以影像为媒介超越了时空距离的障碍，成为远程在场的建筑被受众感知和体验。然而在线性时间的审美逻辑被超越，时间又表现为多样性时空影像的连续体相互渗透时，建筑影像的碎片破碎到一定程度，并且它的连续体的绵延连续运动也发生断裂时，我们便无法从影像碎片由过去到现在的相互渗透中形成对现实存在的建筑影像的审美感知。此时，影像所指涉的建筑已经超越了现实，更超越了时空，它更多的是指向未来，这就使建筑影像的审美逻辑延伸至梦幻般的非现实虚拟状态，而成为现实的指涉。

（二）突破"感知—运动"模式的审美体验

柏格森认为感知是影像同身体发生了关联后被身体过滤出来的影像。从无穷尽的外部影像（物质）中选取出那些对感知主体有用的影像，并过滤掉那些与身体无关的影像就是感知的根本功能[①]。身体在感知的作用下，进入运动这一身体存在的基本状态后，便会形成一种与外界沟通的"感知—运动"模式。通过"感知—运动"模式中运动的身体，我们获得了对周围空间、环境、事物、事件的持续性感知，并形成对特定影像的审美体验。德勒兹的电影理论在继承柏格森影像哲学的基础上，提出了"运动—影像"的"感知—运动"模式。这一模式下，影像更多地展现的是影像的现实维度，并依照理性思维展开叙事，影像表现出线性时间的特征。在这一模式下，影像带给人们现实维度的、时序性的审美体验。体现了"运动—影像"中感知主体与影像之间的理性审美思维模式。体现在我们对影像建筑的感知体验中，包括对静态建筑实体空间中呈现的运动影像的审美体验，以及关于以视频媒体为媒介的动态建筑影像的审美体验两个方面。

在静态建筑实体空间审美体验中，建筑影像隶属于为叙

---

① 唐卓.影像的生命——德勒兹电影事件美学研究[D].哈尔滨师范大学，2010：18.

述情节服务的审美思维体系，并由以建筑的空间组织和线性时间维度为载体的事件组成中心清晰、因果有序的审美叙述结构。很多博物馆建筑的空间叙事手法体现了这一审美叙事结构。如SOM建筑事务所设计的美国陆军博物馆（图3-4），建筑师利用场址的自然地形，建造了一栋由钢和玻璃作为外表皮的建筑。参观者跟随一组金属塔开始他们的参观，这些金属塔上刻有美国士兵的故事和面孔，随着这些故事，参观者进入时间的叙事逻辑。在博物馆里，一个明亮的大厅里有格子天花

（a）建筑形态

（b）建筑内部空间

图3-4 美国陆军博物馆，线性时间维度的动态影像

板、水磨石地板和彩色的夹层玻璃板，这让人联想到军队每一次战役的旗帜。一个超大的黄色、蓝色和红色军徽镶嵌在地板中央。墙上嵌着一块黑石，一堵荣誉墙，以此纪念美国军队的战斗。博物馆的三个主要的展馆，涵盖了美国陆军历史上不同的主题和时期，通过时间的变化，参观者在静态的建筑空间中体验到不同的时序影像的审美体验，这一审美体验是建立在时间与影像的线性的、时序性的关系基础上的。

建筑空间"运动—影像"感知主体的审美体验还表现在动态的视频影像中。在这一审美体验过程里，我们对建筑影像的"感知—运动"模式的审美是通过对影像线性的时间、理性的剪辑和镜头运动等构建出的因果有序的、充满虚幻的影像世界的审美感知体验。2003年奈森尼尔·康的《我的建筑师》以线性时间的叙述逻辑，通过镜头的运动展现了路易·康的建筑作品影像，让我们身临其境地徜徉在康的建筑世界中。在这种富于时空逻辑的动态建筑影像中，获得了超越自身视角局限的审美体验。

当我们以运动的视角来审美建筑空间时，建筑空间就是一系列事件从一种状态向另外一种状态跨越的组合。这种状态如果体现为空间影像的线性时间和空间的跨越，就是一种狭义的"运动"，是人们对于空间影像审美思维的"感知—运动"模式的一种体现；如果在跨越的过程中以非线性时间、空间为维度，运动影像内部的叙述结构在人们的审美思维层面就会发生断裂，审美的"感知—运动"模式也会解体，影像在人们的审美思维中无法再对具有叙述性结构的感知情境作出回应，而是处于一种纯粹的声（听觉符号）与光（视觉符号）的情景之内，这时在审美思维中就突破了影像的"感知—运动"模式，进入了德勒兹所称的纯视听情境。此时,影像的叙事模式被影像的视觉符号与听觉符号所取代。而当人们处于这种纯粹由光色(视觉符号)与声音(听觉符号)组成的审美情景中时,影像除了表现为叙事结构的断裂与解体,更有情感的改变,形成审美体验的非逻辑维度。

人们对建筑空间中的纯视听情境的审美也体现为对由纯粹的光色(视觉符号)和声音(听觉符号)组成的时空断裂的异质空间影像的审美体验。此时,在人们的审美思维和意识中,刻意识别的视觉和听觉影像不在运动中延伸,而是与它唤起的关于建筑空间承载信息的"回忆—影像"发生关系,而当这种回忆链条断裂,影像就会在审美主体思维层面呈现出对诸多影像混合发展、识别混乱的"梦幻—影像"的审美体验。"回忆—影像"和"梦幻—影像"通过无限衍生并与现实现在的纯视听情境发生关联,最终生成折射多维度时空的"晶体—影像"。这三种类型的影像构成了建筑空间纯视听审美情境在审美主体思维层面的无限循环,这一过程中,人们对建筑空间影像的审美脱离了理性的叙事逻辑和透视法的视觉中心主义的审美视角,而完全通过阅读、思考与记忆的逻辑对其进行审美体验。由此影像建筑突破了传统建筑空间的组织方式、构图法则和时空维度,表现出异质、冲突的审美秩序。

德国慕尼黑宝马博物馆(图3-5)建筑表皮大面积破碎的玻璃肌理和断裂的内部空间组织方式为参观者呈现了纯视听情境的审美体验。建筑表皮所映射出的断裂、破碎的环境影像,以及其内部空间相互交织、穿插、环绕、片断、错位、多系统、动态与持续变化的建筑空间组织方式将宝马品牌不同年代、时期的发展历史呈现出来。通过在观者面前呈现宝马品牌

（a）建筑空间组织

（b）建筑入口空间

图3-5　德国慕尼黑宝马博物馆

各个历史时期时空断裂的异质空间影像，将参观者带入交错构成的、叙事逻辑断裂的空间审美秩序之中。此时，建筑影像在建筑空间中不再依靠感知主体的运动来形成其空间的叙述结构，空间中影像的叙事链条发生断裂，将观者带入了由纯粹的视觉符号和听觉符号所组成的影像审美情境中。这突破了人们认识惯性中原有的线性叙事审美逻辑，审美体验也随之焕然一新。

（三）直接时间影像的审美意境

在建筑影像的纯视听审美情境中，空间中运动影像的内部链条解体，理性叙述逻辑发生断裂，使人们无法再用原有的理性思维模式来感知和审美影像，而只能用心灵去体会影像所呈现的内容。在这种影像类型中，一种能够引起人们主动思考和审美的更大的自由度被释放了出来，突破了影像理性的叙事维度。德勒兹将这种影像类型称为"直接的时间影像"①。直接时间影像的纯视听情境将人们带入异质时空的审美意境。

德勒兹指出，在时间影像中，"运动影像并不会消失，而是作为会不断增加维度的某种影像的一个维度存在着"②。运动影像脱离了线性叙事情节后通过非线性剪辑在纯视听情境中被审美和思考，并获得了超越空间的维度和力量。在直接时间影像的审美意境中，时间影像仍表现出镜头的切换及蒙太奇的剪辑方式。只是此时蒙太奇的功能发生了变化，由"感知—运动"影像中建立事件之间合理、完整、有序的审美叙事逻辑变为直接的时间影像中表述事件无秩序、无时序的关系和审美意境。此时，影像的理性审美逻辑的认知发生断裂，时间影像中与线性叙事相脱节的无中心、无叙事、无意义状态下事件的"不可辨识性"直接呈现出来，迸射出透彻直觉的力量。德勒兹把影像的这种不可辨识性看作是事件的解放。在时间影像构建的审美意境中，事件从线性的审美叙事逻辑中逃逸出来，并

---

① 唐卓.影像的生命——德勒兹电影事件美学研究[D].哈尔滨师范大学，
　2010：51-53.

② [法]吉尔·德勒兹.时间——影像[M].谢强，蔡若明，马月，译.长沙：湖南
　美术出版社，2004：34.

随着现时影像层面的变化而生成出无数可能的发展方向和审美情境，在这一过程中事件的意义变得不确定，从而极大地拓展了审美的视觉想象力和审美的思维空间。

随着电影艺术中时间影像的直接呈现，组成影像片段的事件也不断地在建筑影像中展现出不同的时间性特征和审美思维逻辑。不断在重复中差异运动的事件直接在建筑影像中呈现出来，并被人们直接感知，将人们带入对影像非线性绵延之流的审美意境和审美感知体验之中。

直接时间影像无限衍生的审美思维逻辑和非线性、跳跃、错位、无序的蒙太奇剪辑方式，构建了当代建筑时空本质全新的审美意境和审美视角。以屈米的《曼哈顿手稿》（图3-6）为例，屈米基于空间、活动、事件的分离，建筑的用途、形式和

图3-6　曼哈顿手稿中的非线性思维

社会价值的分离，构建了错位、无序的建筑形式，使建筑中事件的存在和意义、运动与空间不再重合，将人们带入新的元素关系的无限衍生和审美意境的全新体验。

建筑空间中由视觉符号和听觉符号构成的直接"时间—影像"的纯视听情境，使人们脱离了建筑运动影像的"感知—运动"模式的审美体验，形成了人们对于当代建筑复杂、异质形式的非逻辑的、跳跃的审美思维。在非线性时空序列的审美情境中，由于时间不再是运动的测量尺度，时间直接在影像中生成，运动成为时间的一个视角，由此人们进入了一种由"回忆—影像""梦幻—影像""晶体—影像"组成的非线性、多维度时间切面的混合审美情境之中。在这一情境中，建筑影像由于失去运动的链接而转变为影像断裂的异质时空，建筑影像的这种光色与声音情境构成了一种全新的非线性、共时共存的审美意境。此时，建筑中运动着的影像画面不再仅仅是单纯的空间的转移，影像通过对外部物质世界的表达将感知主体的精神世界融入其中，使人们的审美思维在影像的空间意境中得到延伸。

"时间—影像"断裂的、异质的、描述性的生成及审美逻辑为解读当代异质、复杂的影像建筑形式及美学语汇提供了新的思维角度，建筑在直接时间影像的传达中，将影像的现实层面与人们审美思维的潜在层面融为一体，在人们思维意识中呈现出现实与潜在影像多维共生的"不可辨识性"，这种"不可辨识性"将影像在空间中的非线性链接带入了时间与人们审美思维的层面，呈现出建筑影像在多维时空中的审美意境。影像建筑美学思想就是以这种建筑空间中的"时间—影像"为基础，并体现了审美思维内在性的影像逻辑。

二、"影像"建筑美学思想阐释

信息社会、光电子时代，建筑空间媒介由实体空间向影像空间延伸，建筑的表现形式更为复杂，人们与空间的关系也发生了改变，人们在使用建筑实体空间的同时，建筑影像所呈现的开放性、多样性的时间维度将人们带入了建筑空间审美思维内在性的体验层面。这种审美思维内在性的体验就催生了新的建筑审美方式及美学思想。光电子时代的建筑，通过对不受约束的引发受众各种感官关联的"回忆—影像""梦幻—影像""晶体—影像"的思考、阅读与记忆，体现了时间在建筑影像中的美学价值与审美意义，这也是对建筑实体空间的已知物理逻辑下的僵化审美思维的突破。

（一）"回忆—影像"建筑空间的审美增殖

在德勒兹的影像思想中，"回忆—影像"是指与纯视听情境描述的现实影像相对应的、潜在的，但又不断地被现实化的影像。空间中影像的纯视听情境由于脱离了"感知—运动"模式的审美体验，使得影像不在运动中延伸，而是与潜在的影像相连接并形成了一个影像的循环。在这一循环中，潜在影像的审美记忆与现实影像的审美体验形成一个交织循环的回路，共同实现了审美体验的增殖。例如，当我们第一次来到一个向往已久的地方，就会唤起我们精神高度注意力和情感全面起动的审美的刻意识别。脑海中关于这个地方的各种记忆幡然涌动，眼前的这个地方显现出诸种我们记忆中的轮廓特征，这诸种轮廓特征融合了我们回忆的情感与膨胀的精神作用，作用于我们对现实现在的感知和审美体验。此时，这种审美刻意识别在这里形成了由诸多回忆的精神活动和对象轮廓特征组成的若干种的回路，通过精神的作用在审美体验中经过一次次的"出现—消失—再一次浮现"而达到了审美体验和情感的增殖，在这一过程中影像与时空的维度在情感的层面得到延伸。这就如同电影中的闪回镜头带给人们的审美情境与体验，"我们看到面前出现的这个对象，唤起了我们过去的记忆，我们从记忆中又回到这个对象，观察他某个特征；又引起回想，又回到对象，发现新的特征……"① 因此，在"回忆—影像"建筑空间的审美情境中，审美认知已经超越了建筑的造型、结构、空间布局等形式美带给人们的精神上的愉悦或情感认同，而更多的是建筑的造型、结构、空间布局等特征和相貌在人们记忆中形成的过去与现在的影像，在循环往复的情感增殖过程中达到的审美体验和精神上的共鸣。

　　"回忆—影像"的建筑空间中，影像在过去与现在之间的循环往复的生成过程，增强了人们关于建筑空间的审美体验。影像在记忆中所呈现的在无数个被延展或被缩小的时区、时层、时面的游移过程，构成了影像美学多元时空的审美维度。也正是因为回忆在人们审美体验与精神层面的作用，赋予了建筑空间中时间独特的审美内容和审美张力。人们需要在事物呈现的空间中审美和感知事物，在它们经历的时间中回忆它们带给我们的审美感受，这些影像并存于我们的记忆之中，组成了我们对心中空间影像的持续的审美过程和审美体验。

　　"回忆—影像"创造了形而上的建筑审美体验。在"回

---

① 应雄. 德勒兹《电影2》读解：时间影像与结晶[J]. 电影艺术，2010（6）：102.

忆—影像"建筑空间的审美活动中，人们通过回忆将不同时区、时层、时面的影像压缩到审美体验现时现在的当下，在过去与现时现在影像的无限循环中形成了自身对建筑空间的审美感知和体验。在这一体验中，回忆与现实并没有绝对的界限，共同赋予人们真实的时空感受。这种真实感与纯视听情境的影像共同影响了人们心中关于建筑、场所和空间的审美感知。人们通过回忆的刻意识别唤起潜藏在记忆中对建筑、场所和空间的描述，通过将过去时面的回忆影像加入现时现在的空间和氛围，在思想和意识中重建对当下建筑空间的体验，实现了建筑空间在纯粹意识层面审美体验的形而上的思考。在纯粹意识中最本质的建筑审美就是结合体验、记忆、想象和视像所呈现的建筑影像在思维意识层面的再现，它是超越建筑实体空间形式美之上，诉诸精神内在性的审美。因此，正是"回忆—影像"的现实呈现为我们营造了形而上的建筑、场所和空间的精神的审美体验。使人们超越了日常生活的压制，在现实与回忆的交织中实现情感体验的审美愉悦，这种审美愉悦是发自内心深处的审美感知，是精神层面审美的崇高感的一种体现。

（二）"梦幻—影像"建筑空间的审美颠覆

在建筑空间的审美情境中，当由"回忆—影像"构成的刻意识别失败，人们无法在回忆中获得审美的享受时，影像的"感知—运动"模式在审美意识中的延伸就会被悬置，而人们对现实现在的视觉审美感知既不会与运动影像连接，也不会与"回忆—影像"重新建立连接，从而进入审美记忆的混乱状态，德勒兹将这种状态下的视听影像称之为"梦幻—影像"。"梦幻—影像"的审美同"回忆—影像"一样也是一个循环，只是它在循环的过程中体现了不同的时间节点，表现了对日常生活经验审美的颠覆和梦幻般审美意境的创造。"回忆—影像"的审美立足于现在，构成"现在—过去—现在"的封闭循环，而"梦幻—影像"的审美立足于现实与过去的"不可辨识点"，其中每一个影像在现实与过去的不可辨识性中实现上一个影像，并且在下一个影像中被现实化，以此类推，直至无穷，在人们的审美意识中形成一个大的、无限的、影像的循环。在梦幻影像的审美情境中，人们面对影像的一系列的隐喻变形和其超级影像循环的生成过程，在影像之间的无限发展的过程中生成审美体验[①]。

　　"梦幻—影像"的建筑空间是由一个个无意义或抽象的画面构成的影像的纯视听的审美情境，在这样的空间审美情境中，由于影像的逻辑关系被摧毁，观者不能通过影像唤起记忆，影像进入现实与过去的不可辨识的状态，在观者的思想和审美意识层面中呈现出一个抽象、变形的有别于现实经验的时空。此时，建筑空间中的"回忆—影像"在人们的审美心理和审美意识中的时空维度和情感体验被打破，而转变成为一个关于梦幻的超序空间的意识流动的审美过程。在这一审美过程中，建筑空间中的"梦幻—影像"通过正在被现实化的潜在影像的变形、抽象，在观者的思想和审美意识层面构筑了一个有别于现实信息影像流动的超序时空的审美体验，"梦幻—影像"的建筑空间由于打破了记忆的封闭循环，影像不再依附于记忆而随着信息的节奏和人的精神需求一起变化，这种审美体验更

① [法] 吉尔·德勒兹. 时间——影像[M]. 谢强，蔡若明，马月，译. 长沙：湖南美术出版社，2004：85-91.

加突出意识流的审美特征。

赫尔佐格·德梅隆工作室设计的瑞士高速公路教堂（图3-7）利用梦幻般的影像变化为参观者创造了一个非传统的地下冥想空间。小教堂在空间的造型形态上是三个嵌入山坡的系列地下洞穴状的空间。地上部分有四堵10m高的白色墙壁，它们的位置呈一定角度相互支撑，礼堂的内部以弯曲的、非线性的、未加装饰的大空间为中心。这种有别于现代建筑理性建构的空间逻辑和透视法的视觉中心主义，本身就为观者提供了一个无意义、抽象的虚幻空间载体。空间内部主要通过自然光照明，光线通过天窗和入口折射到光滑的墙壁，在不同的天气环境下产生不同的光影效果。参观者在空间中移动，就会感受到一种有别于现实的、抽象的时间维度和梦幻般的视觉审美体验。这种感受和审美体验将参观者带入了一个挣脱了日常生活和住所模式束缚的冥想空间和梦幻的审美情境。

图3-7　瑞士高速公路教堂的虚幻空间

（三）"晶体—影像"建筑空间的审美共振

德勒兹将现时与潜在影像的直接关联中生成的影像，称之为"晶体—影像"。德勒兹用演员的例子对"晶体—影像"进行了进一步的诠释。一个演员的存在至少包含两个方面，即演员本人和他所扮演的角色。当演员在舞台上扮演角色的时候，他既是他本人同时也是他扮演的角色。演员自身和他所扮演的角色同时构成了他的存在。这就如同一个结晶体的不同的反射面，在舞台上，角色所构成的演员闪闪发光的面是其显在的面，而其自身则是他潜在的面。反之，在现实生活中，演员自身则是他的现在和显在的面，而他所扮演的角色则构成了他的过去和潜在的面。由此演员的自身和他所扮演的角色共同构成了一个过去和现在、潜在和显在同时性存在的完美的结晶体。这种在过去与现在、潜在与显在的同时性存在中生成的影像就是"晶体—影像"。"晶体—影像"是整个感知平面与整个记忆圆锥能量的聚合，它永不停息地聚合着潜在与现实、过去与现在、记忆与感知中的影像，并结晶出崭新的影像。"晶体—影像"的这种不断差异重复的绵延生成过程改变了传统线性的时间观念，也带来了人们对于建筑非线性时空影像的审美共振和非时序时空多样性的审美体验。

"晶体—影像"中时间的折射关系构筑了影像建筑非时序的空间审美体验。在"晶体—影像"所构筑的无限衍生的时间晶体中，人们看到了非时序时间的永恒呈现，时间在这里无限分解形成了无限的审美张力。在建筑空间中，具有晶体特征的影像，将我们带入时间分体的、分解的涌现的影像空间中，由此产生了建筑空间非时序的审美体验。就如同晶体中的影像伴随着时间的分叉，不断围绕自身的恒久的分体运动，这种分体总是即时形成并重复体现过去与现在不断循环的时间界限。这一过程体现在影像的建筑空间中，建筑通过信息虚拟或事件投射的空间影像在不同时层、时面的成像及其任意转换分割了空间，将人们带入影像不断流动变化而又无法确定的非时序的建筑空间形式中，形成了关于这一空间所承载的影像的物质与非物质信息的非时序的空间审美体验。

"晶体—影像"的无限衍生性将人们带入了影像建筑多样性时间运动的空间审美体验。在"晶体—影像"的审美情境中，当影像围绕过去与现在时面的不可辨识点发生不断循环时，影像在潜在、现时的不断映射中展示出潜在的过去所蕴藏的一切能量。"晶体—影像"将影像过去的整体集合与现时现在以结晶的形式呈现出来，将人们带入一个由影像无限循环衍生的梦幻的审美情境之中。这就如同一个永远处在形成、扩散中的晶体，具有无限的增长能力。晶体所具有的无限结晶的能力和在结晶过程中所折射的潜在与现时的不可切分性，使"晶体—影像"折射出多样性的时间，带给人们多样性时空的审美共振和审美体验。在这样的审美情境中，人们所感受到的审美体验已经超越了记忆情感与虚幻的想象。

美国艺术家道格·艾特肯（Doug Aitken）在瑞士的格斯塔德山上安装了一幢被称为"海市蜃楼"的单层镜面屋建筑（图3-8）。由于镜面屋由上到下都被镜子覆盖，它就如同一个具有折射能力的晶体，将其周围的影像映射出来，并在季节变化的多样性时间中与山地景观相互作用，给人们关于空间的多样性时间运动的审美体验。该建筑被去除了所有的颜色和定义，正如它的设计者所说，"随着季节的变化，在暴风雨中的秋天，

（a）建筑外观

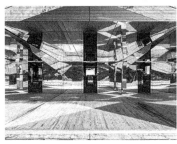
（b）多样性时空的内部空间

（c）不同时面的空间

图3-8 镜像幻影屋

或者在夏季，当它是一片绿色的草地时，观众可以记起这幅作品。随着我们生活的改变，艺术品也随之改变。"游客可以自由探索这幢镜像建筑，它有一扇打开的门，建筑室内空间也布满了镜子，如同一种万花筒折射的作用，将不同时面、时层的变幻莫测的影像呈现出来。此时，建筑打破了坚固的属性，以一种自由主动的形式变化，将游客带入一个所在环境的多样性时间运动的空间审美情境。

"晶体—影像"所构筑的影像建筑空间的审美情境，时间从无形变为可视，与"回忆—影像""梦幻—影像"的空间审美情境相比，"晶体—影像"的审美情境更具有时间的纯粹性。它是现时与潜在的影像不断差异重复的纯粹时间的绵延。在这一情境中，时间永无静止地流动，"晶体—影像"不断地扩展，形成了影像在时间中的结晶和无限循环的环路，时间成为具有无限容量的影像积体①，透过晶体的作用，时间维度在人们的审美体验中变得饱满。

在信息媒介高度发达的光电子时代，影像无处不在地充斥着人们的视觉空间。可以说，影像已经改变了人们的时空逻辑，体现在影像的建筑空间中，那些离散的、跳跃的纯粹的时间影像，在人们的情感和审美思维层面上所产生的关于空间的认知和体验，以及在精神层面上对空间的审美和理解，比任何建筑实体空间更具有生命力，更易于令人产生心灵的共鸣，同时也满足了消费社会渴求信息媒体的人的精神层面的审美需求。

三、"影像"建筑的审美特征解析

以德勒兹三种"时间—影像"为核心内容的影像建筑美学思想，诠释了光电子时代以影像为媒介的建筑带给人们的全新的时空审美体验。信息社会空间的呈现媒介和承载信息的变化，使建筑经历了从"物"到"像"的转化过程，建筑空间的审美维度得到了延伸，人们对建筑的审美认知与体验更加突出人的思维意识和精神层面的审美感受。在影像的媒介下，人们对于建筑的审美很大程度上表现为由影像的属性所带来的审美体验，影像的属性也直接影响了"影像"建筑的审美特征。

---

① 唐卓. 影像的生命——德勒兹电影事件美学研究[D]. 哈尔滨师范大学，2010：26.

（一）空间审美的透明性

"影像"建筑所呈现的时间与空间的共时性特征，以及建筑影像带给我们的时空互渗、交叠的审美体验都体现出建筑空间审美的透明性特征。空间审美的透明性是人们对空间秩序的变化，空间层次的复杂、交错流变的动态特征在视觉感知层面上的审美感受和体验。在影像建筑中表现为空间中影像信息的透明性审美和多重影像空间序列的审美。

我们可以借用电影中时间影像的透明性传播来理解建筑空间中影像信息的透明性审美特征，建筑空间中的影像借用电影蒙太奇的成像手段，以回忆、梦幻、晶体影像的形式将不同时面、时层和空间的影像信息共时性地呈现在人们面前，通过影像的透叠与渗透将人们带入一个信息远远超越物质实体空间的新的影像空间。在这个空间中影像所承载的视觉信息毫无遮蔽地被人们感知、接收，呈现了建筑影像信息的透明性审美特征。同时，这种影像信息的透明性也构成了人们意识和思维层面透明的非物质世界，体现了光电子时代影像建筑空间在视觉形式上带给人们的审美冲击。

建筑影像的透明属性所带来的多重空间序列的审美特征来源于回忆、梦幻、晶体影像将不同时空序列的影像不断压缩到我们当下的空间界面，通过观者感知的联想逻辑，赋予建筑实体空间以共时性的空间组织结构所形成的多维空间交织的审美意境。在这样的审美意境中，连续性、流动性和透明性的空间组织结构，使空间本身成为承载过去、现在、未来信息的透明性晶体，表达出了多重空间序列的审美维度。例如哈迪德运用复杂的空间表现手法所表现的流动、不确定、混杂的空间，库哈斯的超建筑都是建筑实体空间透明性组织结构的一种呈现，为我们营造了多维时空交织的空间审美体验。

影像的透明性延伸了空间组织结构的审美维度，将人们带入了一个多层次、多元化的时空审美意境中，使人们的审美意识被激活，人们不再是空间外部的旁观者，而是通过亲身参与成为空间整体的一部分。建筑影像的透明性使观者在行为、思维和精神层面融入了建筑空间的审美过程，感受多维时空的维度和差异。渡边诚2010年设计的阿斯塔纳国史博物馆竞标项目"K-Z历史博物馆"（图3-9）体现了影像信息的透明性在建筑空间组织结构中的审美表达。该建筑在空间结构上分为地下部分的球状体，作为国家历史起源的远古时期的展览空间；地面部分呈放射状的环形广场作为现代时期的展览空间；以及从椭圆体中直升入长空的纺锤体形状，指向未来，将人们带入未来世界的无限想象。建筑在空间轴上的上与下，就如同时间轴上的过去、现在与未来，参观者可以在建筑展览空间的螺旋通道上自行选择参观路线，任意跳跃时空，体验由空间组织结构穿插和超链接带来的影像信息透明性的空间审美感受。

图3-9　K-Z历史博物馆的空间组织结构

（二）影像审美的符号性

信息社会，建筑除了表现为空间、造型、形态等形式美的特征之外，更多的是以影像符号的非物质形式被人们感知体验，建筑的物质实体已经被大规模地复制成影像符号，弥漫在现代城市的消费环境中，当建筑的使用价值在有限个体的消费中实现时，建筑影像的符号价值则是在所有人的消费中实现[①]。因此，在信息化传播的背景下，符号性已经成为影像建筑的主要审美特征之一，建筑空间中回忆、梦幻、晶体影像等呈现的符号性特征无疑成为审美的重要方面。德勒兹在研究皮尔斯符号理论时指出，"符号是一种影像，但它作用于另一种影像（它的客体），同时又关系到构成其'诠释'成分的第三种影像，后者还会成为一个符号，依此类推，直至无穷。"[②]从审美的角度，符号作为一种影像的呈现，它表现出无限衍生的内在张力，同时它又具有对影像进行"诠释"的内在审美属性。在德勒兹关于"时间—影像"的研究过程中，根据影像的不同表现类型创造了时间、阅读、精神三种影像符号，表征了建筑影像符号的审美特征，为建筑影像的审美解读提供了有益的借鉴。

1.时间符号的建筑影像审美特征。时间符号的审美指涉客观存在的建筑物质表象的时间性特征，它突破了物理时间的限制，通过人们的感知和情感体验来实现心理的时间价值和审美

---

① 周诗岩.建筑物与像——远程在场的影像逻辑[M].南京：东南大学出版社，2007：103.

② [法]吉尔·德勒兹.时间——影像[M].谢强，蔡若明，马月，译.长沙：湖南美术出版社，2004：48.

感受。回忆、梦幻、晶体影像表征了建筑空间在过去、现在、未来不同层次上的时间潜在的多样性运动，影像建筑中这种多样性的时间被凝固在时间的影像符号中，人们通过对符号意义的感知，体验这些影像痕迹带给人们的审美感受。这些凝固于时间的建筑影像符号，通过非线性时间维度的空间布局将观者代入了一个真实、具体、可感知的建筑空间中去感受时间的痕迹。例如人们在进入柏林犹太人博物馆时，一种关于历史的凝重感油然而生，这种情感就是来源于被赋予时间符号意义的建筑影像在人们思想意识中所产生的共鸣。人们在真实、可感知的建筑形式和空间中，通过对不同时区、时层、时面的影像符号的感知，将思维延伸到那段历史时刻，从而体验时间符号赋予整个建筑空间的审美意义。

2.阅读符号的建筑影像审美特征。阅读符号的审美指涉客观物象的内在意涵，是视觉作用于思维层面而"读"出的客观物象的深刻审美内涵和审美表征。当把审美建筑的视听影像当作可读的东西来处理时，人们就进入了建筑影像阅读符号的审美维度。阅读符号的审美特征是建筑影像所从属的内在因素和外在因素之间关系的审美表征，这些因素和关系将取代影像所描述的客体，将其从审美的表象意义引向深入的内在。这种内在是关于影像的视觉和听觉、现在与过去、此处与彼处等多维元素在审美思维意识中的交融与无限生成。

当人们在影像建筑的空间环境中，通过主观意识进入建筑空间中的回忆、梦幻、晶体影像所表征的空间话语与审美情境时，就赋予了影像以阅读符号的无限生成性的审美特征。此时阅读符号本身也会表明这些建筑影像质料的审美特征，并用一个个符号构成它的审美形式语言。这时对影像建筑的审美就转化成对影像阅读符号的审美感知和体验。以建筑中的"晶体—影像"为例，晶体影像中时间晶体的每个折射面的不可切分性共同组成了建筑的不同时空、时面和时层的影像整体，人们通过在意识层面对于这些影像的审美阅读，建立了各影像要素的内在关联，在意识和情感层面形成了关于整体影像的审美感知和体验。例如2020年南京的时间塔装置（图3-10），以若干层大小不断变化的圆盘连接的立体架构与围绕在其周边的面积不等、不断上升的屏幕进行组合，形成了立体的、相互掩映的空间关系。在白天的阳光和夜晚的灯光照射下产生丰富的光影变化和梦幻效果，使人在行进过程中形成连贯的审美体验，完成了从空间向时间的转译。人们通过对"光与影"符号元素的阅读，在思维意识中产生了对"光建筑"整体话语情境的审美体验。在信息媒介下，建筑影像的阅读符号静态或动态地存

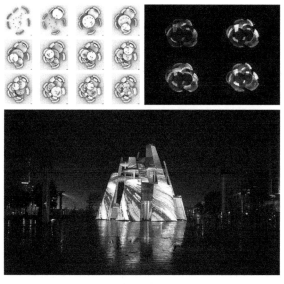

图3-10　时间塔（南京）的影像阅读符号

在于各种媒介中，人们正是通过这些真实或虚拟的建筑影像的阅读实现了建筑影像的审美愉悦。

3.精神符号的建筑影像审美特征。影像建筑中精神符号所呈现的审美特征直接体现了审美的思维功能，在审美思维中通过人们的视觉感知，在精神世界里不断地完成对建筑影像的重新取景、构思，并把重新构思当作审美的一种思想功能，用精神符号的审美表达连续、结果甚至意图的逻辑关系[①]。可以说，精神符号是人们在影像的建筑空间中所感知到或想象中的信息影像作用于思维层面的审美再塑造。在这一过程中，建筑的影像信息作为一种意象存在于人们的审美意识中，它可能是对"回忆—影像"的审美感知；也可能是对存在于思维意识中想象的"梦幻—影像"的审美感知；还可能是对一切时空中存在的"晶体—影像"思维层面的审美感知。这些影像将人们带入了空间思想功能的审美情境中，体现了建筑影像精神符号的心理审美维度。

精神符号所呈现的审美特征体现了影像在审美思维和审美意识层面的增殖，它是对影像承载信息的审美再创造，是主观意识进入审美过程的呈现。从扎哈·哈迪德建筑师事务所设计的迪拜奥普斯酒店（图3-11）中，我们可以体会到影像所承载的精神符号的审美特征表达及其带给人们的审美感受。酒店具有雕塑感的建筑形体覆盖的玻璃表皮，将建筑周围的城市景观消解成无意义的影像碎片，激发了观者在主观意识层面对这些影像的审美解读，并将人们带入关于影像思维意识层面的审

---

① [法]吉尔·德勒兹.哲学的客体[M].陈永国，尹晶，译.北京：北京大学出版社，2010：182-188.

图3-11　迪拜奥普斯酒店室内外空间的影像

美过程之中。观者在审美过程中对影像符号进行再创造，产生了对迪拜这个城市的无限遐想。建筑内部空间不同层高非线性的交通流线和光洁的白色表皮，连同从天窗射入室内的光线，将人们带入了一个幻象的影像奇观，任凭观者肆意地想象，在精神上享受这一影像建筑空间别样的时空审美体验。建筑影像的时间、阅读、精神符号，共同诠释了影像脱离运动后的纯视听情境的回忆、梦幻、晶体影像等"时间—影像"的审美特征，以及在人们意识和思维层面带来的审美过程的愉悦。从而，它也体现了建筑的可读影像和思维影像在形成审美感知中的作用。

（三）影像审美的虚拟性

对于信息时代的影像建筑而言，在某种程度上它自身的一部分就处于虚拟之中，建筑影像的虚拟性已经成为这个时代赋予影像建筑审美的突出特征。一方面，虚拟现实技术的发展及其在影像技术中的应用，使建筑影像的传播媒介呈现出虚拟性的审美特征。建筑除了以实体存在还以非实体、虚拟影像的形式存在，人们审美建筑的方式在建筑影像的虚拟空间中得到延伸。另一方面，承载建筑影像的空间环境呈现出虚拟性的审美特征。回忆、梦幻、晶体影像生成的空间环境打破了现实物质实体空间与非物质空间的界限，通过参观者的身体行为及思想意识活动拓展了影像建筑的审美空间维度，同时新的审美体验在观者的意识中得以生成。

大众媒体和影像复制技术的出现，使得建筑影像取代了建筑实体的独一无二的存在，建筑经历了从"物"到"像"的变化过程。在这一过程中，建筑的原本状态已经逐渐被虚构的影像符号所取代，人们对建筑的审美认知也脱离了它原有的历史环境和空间限制，而是在自己的时空环境中以虚拟影像的形式对建筑进行审美感知和体验。此时，建筑通过影像的复制和传播，实现了由原来的实体化、物质化的真实性的审美空间环境向非实体化、非物质化的虚拟性的审美空间环境过渡，虚拟性也成为影像建筑突出的审美特征。在虚拟影像的建筑空间中，影像的传播承载了人们对空间审美感知的更多事件信息，在这一过程中新的审美意义不断被创生，建筑成为现实空间与虚拟环境的综合体。数字设计的先锋人物史蒂芬·佩雷拉提出的"超表皮"（图3-12），就是虚拟性的影像与建筑实体空间的结合，塑造了虚拟影像的空间审美环境。建筑影像传播媒介的虚拟性，改变了建筑的存在方式，也将观者带入了视觉别样、神经元多维刺激的审美时空。

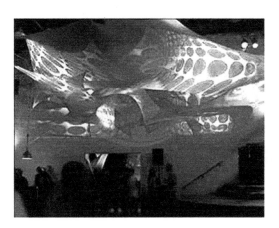

图3-12 超表皮

影像建筑虚拟性的审美特征还表现在建筑影像生成空间环境的虚拟性的表现形式之中。回忆、梦幻、晶体影像在观者的思维意识中生成了虚拟性的建筑空间环境和形式，这颠覆了人们对实体空间原有的审美认知模式，人们的记忆通过与虚拟影像之间的审美关联，以及影像对观者视觉、听觉和触觉等的刺激，将人们带入一个超现实的空间审美环境之中。这样的空间环境由于启动了人们的审美感知，在思维意识层面将虚拟影像与现实存在或人们的现实经历相结合，对影像空间传达的信息进行审美再创造，达到身临其境的审美享受。渡边诚在2009年为中国台湾城市公园设计的露天影院"带状物"（图3-13）通过5条波状的3D多媒体弯曲表面的带状物构筑了一个复杂的、变动的、虚拟影像的建筑空间。这个建筑以影像信息为媒介，突破了物质实体的界限，将建筑空间延伸向整座城市，形成了一个与整座城市互为背景、交相呼应的开放空间，让处于现实社会中的人们在这一影像信息空间中可以与整个城市环境进行互动，带给人们愉悦、兴奋的审美感受。

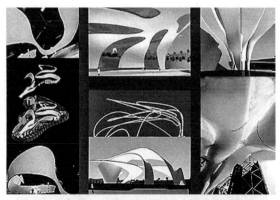

（a）带状物的形态及结构

（b）建筑形态

图3-13　中国台湾城市公园露天影院

　　建筑空间中大量非物质、超现实的影像将人们带入虚拟空间的审美体验之中，一方面，延伸了人们的审美感知；另一方面，人们的审美体验又影响并创造了虚拟建筑空间的信息传达，使影像建筑表现出虚拟的形式特征。二者之间互相影响、互为生成，建筑中的虚拟影像塑造和表达了全新的空间形式，改变了建筑空间中时间对空间的隶属关系。影像所传达的潜在的事件和信息，经由观者的审美意识和思维联想，在观者的情感层面得到升华。

第二节　基于平滑空间论的
"界域"建筑美学

信息社会复杂科学的发展及其在建筑领域中的应用，使得建筑空间形态发生了复杂、异质的转变，同时，也改变了现代主义以来建筑无视环境、场所孤立地存在于空间环境的状态。建筑向社会、城市、历史、文脉等环境延伸，呈现出令人耳目一新的造型形态，原有建筑美学对空间和形态的探讨已经不能适应当代建筑在空间及形态上复杂的、异质的变化。德勒兹平滑空间理论的提出，对于我们解读当代建筑复杂的空间、形态及审美提供了哲学的思维方法，德勒兹的"界域"空间为我们从建筑与环境关系的宏观视角构建"界域"建筑美学提供了思维的原点。

一、"界域"建筑美学的平滑空间理论基础解析

平滑空间理论是德勒兹关于空间生成与运动的创造性理论。平滑空间是由异质元素多元构成的非线性空间，体现出流变的审美形式，具有无中心、多维度、不确定、平滑等空间的美学特征。平滑空间与线性机械的等级空间相对，是对流动、异质、非线性的空间运作模式的思维表达。平滑空间改变了人们对空间认知的维度，对当代非线性建筑空间形态的审美解读提供了哲学依据。平滑空间的界域性空间形态以游牧的空间审美视角，通过与环境结域与解域的连续性运作过程呈现出与环

境相互渗透的、延伸的、动态性强度的空间审美图式，为我们审美复杂建筑与环境的关系提供了空间形式模型（图3-14）。德勒兹平滑空间理论从空间—地理环境的宏观角度拓展了建筑界域性空间形态的审美表达，使建筑在与环境的结域与解域过程中实现了建筑界域化的增殖逻辑，将我们带入了一个崭新的建筑美学领域。

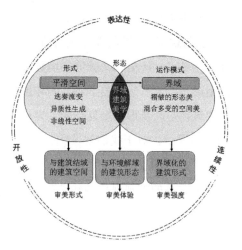

图3-14 "界域"建筑美学思想体系

（一）"界域"平滑空间的美学意涵

"界域"是环境与环境赋予表达性节奏结域的产物，"界域"包含着一个作为其领域的外部环境或区域、一个居住或庇护的内部环境或区域、一个可以自由伸缩的边界或膜的居间环境或区域，以及一个储备或附加能量的附属环境或区域[①]。"界域"

---

① 刘杨. 基于德勒兹哲学的当代建筑创作思想[M]. 北京：中国建筑工业出版社，2020：151.

所构建的空间环境与建筑作为居所的形式是一致的，都包含了内外环境之间的关联强度。而建筑的"界域"空间形式是去掉了层化的平面，表达了与空间环境之间系统的容贯性强度的节奏，体现了平滑空间的异质平滑。它通过对自身的解域，不断地作用于环境，不断地获得增长。"界域"建筑的空间运作模式及过程蕴含了迭奏流变、异质性生成的美学意涵和非线性的审美形式。

1.迭奏流变的美学意涵。"界域"所形成的平滑空间如同流体的运动模式，表达了在与环境结域、解域过程中流变的节奏和韵律。流体的运作就如同山峦、草原、沙漠、大海……以流体的样态运动变化着，并依据节奏与环境结域，形成美的"界域"形式。遵循"界域"平滑空间流体模式的建筑，就如同在空间环境中依据某一节奏连续运动的形态，在对环境进行解域的过程中，构成并拓展着自身的"界域"，形成动态流变之美的建筑形态。这些建筑形态就如同"界域"在空间中的变奏，建筑在与环境形成"界域"的过程中融为一体，构成了一个动态叠奏的空间画面，呈现出流体的审美形式。

2.异质性生成的美学意涵。平滑空间是一个异质平滑的场，其中布满了多维度异质元素的无中心、无等级的平滑运动。这些异质元素的差异性作用与聚合就构成了界域变奏的韵律[①]。其中蕴含了"界域"异质性元素的混合、多元共生的非总体的美学意涵。作为"界域"的建筑就是所在场域的各异质性要素相互作用的动态生成。这就如同异质元素以不同韵律的

① [法]吉尔·德勒兹.资本主义与精神分裂（卷2）：千高原[M].姜宇辉，译.上海：上海书店出版社，2010：447.

间隔连续叠加形成了"界域"一样，不同向量的弯曲曲面通过连续动态的画面生成了富于节奏的建筑形体，这与传统的、静态的、封闭的、机械的建筑形式形成了鲜明的对比，表达了动态、流变、异质、多元的审美取向。作为"界域"的建筑除了具有功能性以外，还具有场域和环境的表达性。"界域"的建筑是与环境的某种节奏渗透而生成的形体，与环境之间没有强硬的边界，只有开放的间隔。它标记着对空间的整理与排列，而不是包围。1999年埃森曼设计的加利西亚文化城，通过由北向南和由东向西运动的两套相互叠加的变形线，生成了一个富于节奏变化、与空间地理环境相互渗透的、开放的建筑形体。这个建筑就如同一个地质板块隆起状的平滑的动态矩阵，将中世纪圣地亚哥市中心的平面、基地等高线等多层次的多元、异质性的信息叠加在基地上（图3-15，图3-16），表达了建筑柔性、平滑、混合的形态美特征。

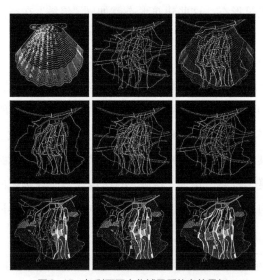

图3-15　加利西亚文化城异质信息的叠加

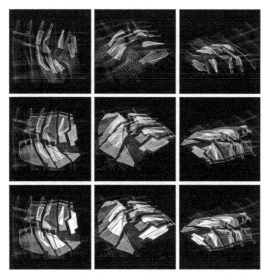

图 3-16　加利西亚文化城异质信息叠加后的基地地貌变形

3. 非线性空间的审美形式。"界域"的平滑空间是一个向量的、投影的或拓扑的非线性运动的空间，其空间的运作模式打破了从直线到平行线的层状空间模式，呈现出与环境相融合的开放空间的形式。这一非线性的空间形式就如同从曲线的倾斜到另一个倾斜的平面之上的螺旋和涡流模式运作的开放空间，与线性的和固态之物划定的封闭空间相对，与层化的度量空间形成差异。平滑空间中，空间被占据，但未被计算，而层化空间中，空间被计算，以便被占据[①]。因此，"界域"空间的非线性运作模式中，体现了组成"界域"的诸多异质因素拓扑的、分形的、复杂化的美学意涵，这与现代主义美学的机械理

① [法] 吉尔·德勒兹. 资本主义与精神分裂（卷2）：千高原 [M]. 姜宇辉，译. 上海：上海书店出版社，2010：518-519.

性和简洁的、纯净的表现形式形成了鲜明的对比。这一空间的
非线性运作模式与当代建筑相结合，使当代建筑呈现出复杂的
形态、非线性的空间形式，并表现出动态、多元、复杂的审美
形式。当代的很多非线性建筑都体现了"界域"动态多元流变
的空间形式之美，在建筑形态上体现了对"界域"空间非线性
运动的瞬时定格取形。扎哈·哈迪德事务所设计的爱沙尼亚首
都塔林高速火车站（图3-17）流动、开放、多元的空间形态，
就是对所处环境"界域"的交通流线的节奏运动的定格取形。
其建筑形态也体现了与所在空间地理环境的融入，是对自然
地理环境的一种审美表达。

（a）表达性的建筑界域形态

（b）开放流动的建筑空间

图3-17　塔林高速火车站规划

"界域"的平滑空间运作模式，表达了空间异质、多元、流变的生成样态和富于表达性的变化节奏，其中蕴含了非理性、非总体、非标准的美学意涵与现代主义建筑机械化、几何化的理性美学形成鲜明的差异。我们以"界域"的视角解读当代建筑的形态及形式的复杂化、开放化变化取向，这为当代建筑突破欧氏几何空间和层化空间的理性主义建筑美学的束缚提供了思想的依据和思维的基础。

（二）平滑空间"界域"的开放性审美表达

平滑空间的"界域"开放性蕴含在"界域"的形成过程及运作方式中，"界域"平滑开放的运作模式形成了其与所在环境结域与解域的节奏的韵律与审美表达。"界域"分布于开放的平滑空间之中，并形成一个异质平滑、开放的场域。"界域"在形成的过程中，都存在着无数条"逃逸线"构成与环境结域的某一节奏，同时保证与环境相连通的出口。这一逃逸线没有源头，它总是在界域外开始，随时在与环境结域的同时还要实施对环境进行解域，在结域与解域的循环往复过程中不断创造着自身的节奏，表达着自身所运作的平滑空间开放性的审美形式。这就如同围棋的运作方式在体现着一个个界域形成过程中的结域与解域的同时，表达了开放性的空间审美图式。围棋从外部在空间之中形成一个界域，又通过构建起第二个邻近的界域的方式来对第一个界域进行加固；对对手进行解域，从其内部瓦解它的界域；通过"弃"、转投别处而对自身进行解域……[①] 围

---

① [法]吉尔·德勒兹.资本主义与精神分裂（卷2）：千高原[M].姜宇辉，译.上海：上海书店出版社，2010：506.

棋通过"弃"和转投形成自身的一条条逃逸线，对自身进行解域，形成了一个开放的、不断增殖的平滑空间审美图式，这一图式是开放的、混沌的，通过无数条"逃逸线"的运作不断变换着与环境作用的节奏，不断生成新的空间审美图式和审美力量的增殖。

"界域"在环境中开放性的运作过程和审美表达，形象地表述了建筑与场域、地形、地势的空间运作关系和空间审美图式。作为"界域"的建筑与地形之间并没有真正的内外界限，而是一个开放迭代的有机整体。当我们从外部的地形（环境）进入内部的建筑时，实际上建筑中仍然保持着外部环境的因素。当代众多建筑形态和空间的流动性、开放性的审美特征，正是源于建筑与地形（环境）这一开放、迭代的互相生成的空间审美图式。新米兰贸易展览中心的中央玻璃通道（图3-18）的连续变换的非欧几何曲面造型形态，就源于米兰沙丘的自然形体，该造型形体使建筑与环境之间形成了一个开放流动的空间，其空间形式是建筑与自然关系开放性的审美表达。

图3-18　新米兰贸易展览中心玻璃通道

（三）"界域"的形式美

"界域"的平滑空间运作模式及其在环境中结域与解域的循环生成过程，包含了"界域"无限异质元素的开放性运动，构成了"界域"表达性的空间变化节奏和审美形式。"界域"的褶皱形态及平滑与纹理混合多变的空间形式为我们诠释了一个新的空间审美图式，为当代建筑复杂空间形态的审美解读提供了依据。

1."褶皱"的形态之美。"褶子"是"界域"存在的一种普遍形式，是表征"界域"创生和发展的一种普遍性力量与主要机制，其中蕴含了美的节奏。"褶子"形态及其生成过程中体现出的创生性、多样性和变异性等审美特征，与"界域"生成机制中所蕴含的节奏性、过程性及"界域"中各种力量的变化过程相一致；"褶子"的打褶与解褶的无限循环和"界域"的结域与解域的无限循环相一致，这形成了"界域"优美的空间变化图式。在"褶子"的折叠运动变化过程中，"界域"通过"褶子"的折叠运动把外面的环境内"折"进来，同时"界域"内部的"褶子"又将"界域"的信息外"褶"到环境中去，"界域"在"褶子"的折叠过程中构成了"界域"内部的微观世界同复杂的外部宏观世界的奇妙交错与连接，形成异质、多变、复杂的褶皱形态和空间审美图式。"界域"的褶皱形态以及它的内在创生性使它在与环境的不断交错过程中不断地增殖，创造了多样性、变异性的形态之美，展现出超越生命的审美力量。这一力量又作用于"界域"的生成过程，使其不断地创造出差异性的空间形式。"界域"的褶皱形态及其与环境的作用关系为我们从环境的宏观视角审美当代建筑提供了空间审美图式，当代建筑在与环境融合的过程中形成折叠的复杂建筑形态，呈现出非理性的建筑审美特征。

2.混合多变的空间之美。"界域"在与环境结域与解域的过程中生成了平滑空间的褶皱形态。这是一种向量的、投射的、拓扑的空间形式，在空间中异质元素有机地进行融合，同时又保持了各自的形式特点，形成混合多变的空间之美。这种空间形式以平滑与条纹混合体的方式不断地在"界域"空间之中相互转译。在这一过程中构成了平滑与纹理混合多变的"界域"形式之美，其生成过程中蕴含了动态流变的空间审美特征，为当代非线性建筑的审美解读提供了依据。当代建筑的非线性空间就是对这一"界域"空间形式的瞬时定格取型。非线性建筑的空间形式就如同一个"界域"，它体现了自然环境及"界域"空间内部各种元素、各种力之间组合的力量之美。非线性建筑通过坡道、楼梯等辅助空间的开放与交错布置，打破了楼层间的封闭状态，建筑中"层"的概念被消解，空间呈现出平滑流动、混合多变、动态模糊的冲击力和审美形式（图3-19）。

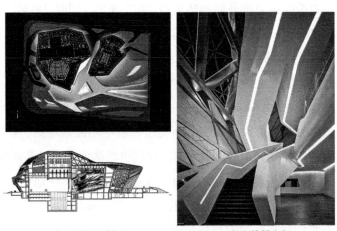

（a）平面及剖面　　　　　（b）楼梯空间

图3-19　广州歌剧院的平滑空间

非线性建筑平滑和条纹空间的转译，消解了建筑梁板柱的垂直与水平特征，打破了建筑与场地之间的封闭关系，使建筑呈现出开放性的特征，建筑在与环境及城市空间融合的同时实现了建筑复杂、优美的空间图式和形式美特征（图3-20）。满足了当今人们在复杂的生存与行为方式中对空间审美的心理需求。同时，平滑空间使当代建筑突破了以往现代主义建筑对于空间等级的明确区分，使空间在形式上呈现出一种整体表面化的均质趋向，极大地挑战了建筑的价值观及人们的审美想象力，颠覆了现代主义建筑理性的空间审美标准，为我们从"界域"与环境之间关系的宏观视角审美当代建筑提供了思维的依据。

图3-20　北京大兴国际机场的平滑空间

二、"界域"建筑美学思想阐释

"界域"是平滑空间运作过程中与环境相互作用的容贯性表达,它在运作过程中与环境形成了富于变化的节奏和韵律起伏的迭奏曲,勾画出优美的空间图式,深刻地影响了当代建筑的形态和空间。使当代建筑在形态上呈现出了动态、流动的特征,在空间上呈现了均质化的特点。这极大地挑战了现代主义建筑理性、几何性、主体性的建筑美学特征。"界域"建筑在与其所生成的物质与非物质环境的结域、解域、界域化的过程中形成了随环境折叠起伏的建筑形态和内部平滑的空间形式,表达出当代建筑非理性、形态异质、动态连续的美学特征。

(一)与环境结域的建筑空间审美形式

当建筑不再以孤立的姿态出现,而是与环境发生对话关系、彼此过渡、互为基础、相互渗透时,"界域"建筑就产生了。这种建筑与环境之间以及组成建筑的内部环境的各要素之间的彼此过渡、互通转换的节奏就构成了与环境结域的建筑空间。这一节奏表达了一个环境向另一个环境过渡的临界状态的瞬间联结,一个环境建立于另一个环境之上,或消散于另一个环境之中。在这一过程中,建筑内部空间和外部环境之间始终处于一种不断相互交换能量的状态。从而将建筑从层化的空间中解放出来,进入由异质元素构成的平滑空间之中。在这一空间中,生成没有终结、也没有主体,而是将彼此卷入邻近的或难以判定的区域之中,由此带来了建筑室内与室外、主体空间与非主体空间界限的模糊,使空间呈现出一种

图3-21 望京SOHO平滑的空间与形态

均质的划分以及节奏变化的空间韵律，这体现了动态流变的美学特征和流体的空间审美形式。哈迪德设计的望京SOHO的内部空间（图3-21），超越了传统层化建筑空间的分区与定位，打破了建筑梁板柱的界限，与外部连续流动变化的、车流、人流等环境相互联通，与建筑形态互为生成，带给观者充满变化的、动态的空间体验，颠覆了传统建筑美学几何性的、对称均衡的空间形式。在建筑与环境结域的过程中，差异性元素在平滑空间中的生成或转化使建筑超越了层的限制，穿越了配置，并获得了它自身的容贯性（稳定性），也获得了对自身的加固。因此，与环境结域的建筑空间体现了超越界限强度的连续体或连续流变组织的空间关系，给观者平滑的、游牧的、模糊的空间体验和审美感受。建筑在与环境的结域过程中，也勾勒出了一条带动整体环境运动变化和产生节奏的、无轮廓的抽象之线——游牧和流动的解域之线，使建筑形成动态连续的形态之美。

（二）与环境解域的建筑形态审美体验

"界域"空间中，通过逃逸线的运作使某物离开"界域"

的过程，解域就产生了。而建筑与环境的解域就是通过建筑空间中人流、物流、信息流等多元、复合的因素生成逃逸线，通过这些逃逸线的运作，使建筑空间中的某些因素指向环境的运动过程。建筑与环境解域的运动表现为建筑形体的某一部分延伸到环境而形成的空间形式和建筑形态的变奏。通过这一过程，一方面，形成了"界域"建筑灵活多变、流动性、折叠起伏的建筑形态之美；另一方面，使得"界域"建筑的配置自身向环境开放，实现了建筑和其相关环境之间的开放性关联及开放的建筑形式。建筑是被解域的环境，其中作用于环境的建筑是进行解域者，而环境是被解域者，环境中流变物质的差异性元素构成了建筑形态连续变化的迭奏曲。这颠覆了传统建筑美学中建筑孤立于环境而存在的样态，也有别于现代建筑建立在直角与平面之上几何性的建筑形态。给观者在造型形态上连续的、动态的、开放的、律动的视觉冲击力和审美体验。

FOA巴塞罗那的海滨公园，在地形形态上呈现出折叠起伏的造型，给人们动态连续的视觉体验，展现出平滑的、流动的、开放的形态之美。该公园是诸多因素的逃逸线在与环境解域的过程中形式美的体现。公园内体育休闲活动等的各种流线与路径，形成了"界域"建筑内的多元复合的逃逸线。公园场地的网络线就是对这些逃逸线运作的模仿（图3-22）。这些网络线与公园所在的地形、地势、沙丘等自然环境充分开放和融合，构成了与环境解域的公园地形形态，公园成为被解域的环境。在公园地形形态基础上构筑的建筑也体现出人流等逃逸线的运作向地形配置的开放，在没有人流通过的地方为沙丘状的隆起与翘曲形态，体现出流动、开放的审美特征（图3-23）。

在建筑与环境解域的过程中，逃逸线的运作是多样、复

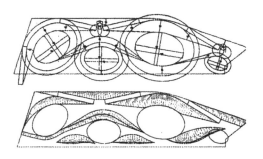

图3-22 巴塞罗那的海滨公园场地网络

图3-23 巴塞罗那的海滨公园形态

合的,具有抽象的生命线的强力,在勾勒为容贯性的平面上
发挥着自身的创造力。建筑通过人流、物流等逃逸线的运作打
破了与环境的绝对界限,展现了建筑平滑的空间形式和折叠起
伏的造型形态,这一形态根据建筑内外部环境的差异性元素的
变化而发生着改变。因此,在与环境的解域过程中就会产生多
变、复杂的建筑形态和具有表达性的空间"界域"的审美特征。

（三）界域化的建筑形式审美强度

界域化的建筑形式审美强度体现的是"界域"建筑中组成建筑空间的环境、社会、城市、历史、文脉、行为、心理等异质元素之间的容贯性强度及其强度之间的关联所表达出的审美力量。这就是说，建筑空间各元素之间的容贯性的强度越强，界域化的表现就越加明显，"界域"建筑的各环境之间过渡过程中的节奏和表达性也越强，建筑所传达出的审美特征及美的力量也越强。界域化的建筑形式是其周围环境中的各种物质的、非物质的异质元素所构成的差异性关联的多元复合体，以平滑空间的运作方式在与环境结域与解域的过程中形成了富于变化的空间迭奏曲，构成了建筑空间异质元素聚合的非限定场所。界域化的建筑通常是环境、社会、城市、文脉等异质元素与建筑空间相关联的结果，在空间表达中，"界域"建筑通过引入交通空间作为各功能空间之间的开放式过渡与"间隔"，通过竖向交通体系在层与层之间的开放，营造了整个建筑空间动态、多义的空间场所体验。开创了建筑与城市之间的审美语境，加固了建筑与环境、文脉等的关系，传达出复杂多义、充满变化、开放的审美意境。

从"界域"的视角解读和审美建筑，就是将建筑放置在城市的整体环境之中，或者说是在宏观的景观环境中思考和审美建筑。赫兹伯格的"喀什巴主义"、弗兰普敦提出的"巨构形式"、槙文彦的"群形式"、斯坦·艾伦的"场域"等分别用不同的术语表述了建筑与的城市关系。斯坦·艾伦的多种要素复合叠加的"场域"理论与建筑的界域化美学思想最为接近。场域理论是对西方现代主义建筑忽视与环境关系的质疑，是对现代主义建筑孤立、片面的形式语言和审美特征的反叛。斯坦·艾伦将场域作为建筑形态的基底，将场域中的异质元素统一成一个整体，同时又保留其个性特征。斯坦·艾伦认为场域赋予组成其自身的事物之间以形式，并且强调事物之间而非事物本身的形式[①]。建筑的场域理论回应了"界域"建筑形式与诸环境异质元素之间的容贯性强度及整体空间环境的变化节奏和动态流变的审美特征。界域化的建筑形式在场域的基础上更加突出建筑与城市非物质因素关联强度的表达性和标志性，表达了更为宏观的审美视角。界域化的建筑形式，改变了建筑的造型形态和空间类型，带来了建筑审美的新视角和美学新思想。

扎哈·哈迪德事务所在成都设计的独角兽岛（图3-24）在处理与城市的关系上体现了界域化建筑形式的审美表达。该建筑在造型上是莲花造型的拓扑优化形态，与成都"公园城市"的发展理念相融合，建筑与园区景观全息环抱城市，更贴切了还自然于民、还自然于生活、公园里建造城市等公园城市理念。建筑与整个城市构建出了一个容贯性的信息融合、可持续发展的有机整体，加固了独角兽岛与整个城市人文、生态、历史环境的并存关系，形成了一个开放的建筑空间与生态、自然交融的"界域"。独角兽岛的流体建筑形象也充分体现了信息流与整个城市的交融意象，它呈现了城市整体环境及文脉信息向建筑渗透的、赋予节奏变化的、表达性的形式美强度。

"界域"建筑美学思想突破了现代主义建筑无视环境、场所，以孤立的姿态存在于空间环境之中的状态，改变了现代主义建筑的审美主体性特征。界域化的建筑形式通过与环境的结

---

① 赵榕.从对象到场域[J].建筑师，2005（2）：79-85.

图3-24 成都独角兽岛

域、与环境之间的过渡与转换，将建筑从等级性的层化空间
中解放出来，形成了多种异质性元素聚合的平滑空间形式和动
态连续的"界域"建筑形态，表达了动态流变的空间形式之美
和迭奏韵律之美。"界域"建筑美学将建筑锚固在城市的空间、
环境和场所之中，建筑就是一个与环境相互协调转换的动态生
命体，不断呈现出生命之美的力量。

三、"界域"建筑美学的审美特征解析

在复杂科学和数字技术的影响下，当代建筑在空间和形
态上都发生了复杂化的转变。建筑成为建立居所和界域的艺

术，空间上突破了现代主义建筑垂直、水平的层化空间，向开放的平滑空间过渡。建筑在保证其原有功能性的基础上更加突出与环境的融合；形态上更加突出建筑和环境的关联强度以及对环境的表达性，呈现出动态连续、折叠起伏的特征。这些转变都表达了当代建筑的"界域"属性，也带来了当代建筑空间的开放性、建筑的表达性和建筑形态的动态连续性的审美特征。

（一）空间形态的开放之美

"界域"建筑的平滑空间形式，及其与环境之间的过渡转换与强度关联，消解了现代主义建筑层与层之间的叠加关系，突破了建筑空间垂直、水平的方向性，改变了现代主义建筑与环境之间的对立关系。作为"界域"的建筑其空间呈现出界限模糊、界面消隐的开放性特征，这一特征也成为"界域"建筑典型的审美特征。"界域"的建筑通过建筑空间差异性的异质元素的强度关联，构建了建筑的界域性配置，加固了建筑和它所在物质与非物质环境的关系，生成了平滑空间这一新的空间形式。建筑界域性的配置在解域线的运作下，向环境、历史、文化等其他配置敞开并进入其中，奏响了建筑和城市景观及城市空间的迭奏曲。建筑、景观、城市设施之间的界限变得模糊，但它们之间的异质性元素在时空环境的接续与并存中得到加固。

"界域"的时空概念及运作方式使建筑呈现出折叠起伏的造型形态，在空间上突破了传统建筑空间秩序清晰、空间界限明确的空间组织关系，改变了建筑与环境、建筑与基地的关系，使其成为一个容贯性的整体。"界域"的时空概念及运作方式使"建筑不再是一种脱离基地图形的物体（例如柯布西耶的底层架空），而是一种可以产生连续和相互对话的物体[①]。""界域"建筑这种与所在空间的物质、非物质环境之间的对话关系，以及在空间形态上呈现出的连续变奏的折叠起伏的建筑形式，突破了条纹空间对建筑方向性上的限定，给我们带来了"界域"建筑平滑空间运作的开放性审美体验。

　　哈迪德设计的意大利卡里亚里当代艺术博物馆（图3-25），形态上流动、开敞，与周围的环境浑然一体。室内空间与场地交通流线交互渗透，建筑开放式的空间包裹进一个连续、平滑的曲面中，并与建筑表皮上的洞穴交替映衬，体现了"界域"建筑美学的外观。建筑内部空间层与层之间连续转换，整个建筑的交通空间和功能空间相互透、融于一体，消解了传统意义上的"层"的概念和水平、垂直的方向性，给人们一种平滑"界域"空间的开放性审美体验（图3-26）。

图3-25　卡里亚里当代艺术博物馆

① 李昕. 非线性语汇下的建筑形态生成研究[D]. 湖南大学，2009：51.

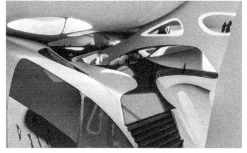

图3-26　卡里亚里当代艺术博物馆室内空间

　　哈迪德设计的罗马国立当代艺术馆（MAXXI：Museum of
XXI Century Arts，1998-2009）也体现了"界域"建筑空间形
态的开放之美。贯穿于建筑空间流动的解域线，在重新演绎城
市网格的基础上，加强了建筑与周围环境的强度关联，并使之
融为一体。"L"形曲线造型，使建筑呈现出蜿蜒曲折、复杂的
空间形态（图3-27）。建筑的内、外空间在墙体的交叉与分离、
穿插与流动之间变得界限模糊，在观者面前呈现出开放性的审
美特征（图3-28）。作为"界域"的建筑在与环境结域与解域
的过程中，映射和展现了整个城市的文化活力，给观者精神上
的审美愉悦。

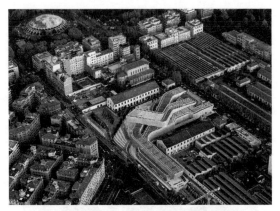

图3-27　罗马国立当代艺术馆建筑形态

图3-28　罗马国立当代艺术馆流动的室内空间

（二）空间形态的表达之美

　　表达性是"界域"建筑审美属性的一个最突出特征，是建筑蕴含的某种节奏富有韵律的形式美的表达与呈现。表达的审美属性或审美客体必然是专有的。表达性赋予了"界域"建筑专有的审美识别，表达性使建筑更具有时间上的恒定与更广泛的空间范围。可以说，建筑之所以成为艺术，就是因为它拥有了"界域"的表达性。一个地标建筑,之所以能成为一定的空间范围内的标志,主要就是因为它所表现的节奏和所勾勒出的"界域"与环境之间的强度关联超出了周围的其他建筑,而呈现出具有表达性的审美特征。也正是因为这种表达性传达了作为"界域"的建筑在空间形态上给人们带来的审美感受。

让·努维尔设计的卡塔尔国家博物馆(图3-29)通过建筑造型设计体现了表达性审美特征。该建筑造型源于卡塔尔海湾地区沙漠玫瑰的形态,这些由直径和曲率不同的大型交叉圆盘构成的复杂结构如玫瑰的花瓣给人强烈的视觉震撼,同时将建筑锚固在自然环境和历史之中,形成了一个赋予表达性的"界域"建筑空间,加强了建筑与环境之间的强度关联,使建筑更具有标志性和表达性。

图3-29　卡塔尔国家博物馆表达性的建筑形态

　　加拿大戴蒙德·施密特事务所设计的渥太华公共图书馆（图3-30）优美的建筑造型曲线与壮观的渥太华河水相呼应，大量的玻璃环绕建筑，映照出魁北克附近河流和加蒂诺山的景观，表达了建筑与渥太华丰富的历史和自然景观的融合。建筑空间内错落交织的交通流线、四通八达的空间网络将外面城市空间的自然、交通、人文等环境要素融入进来。正如它的设计者所说："该建筑位于一个文化交叉点，沿途可以追溯到法国、英国和土著三个民族，突出了建筑设计中的融合精神，以及这些记忆机构在现代设施中推进加拿大故事的可能性。"建筑所承载的历史及自然环境的表达赋予了建筑"界域"的属性。同时界域化的空间与形态又使建筑更富有标志性和表达性，并带给人们关于这座城市历史文化的审美体验。

图3-30　渥太华公共图书馆的建筑形态及内部空间

从自然环境及城市的角度来考虑建筑与基地的关系时，折叠起伏的建筑形态也体现了表达性的审美特征。例如FOA设计的日本横滨国际码头（图3-31），建筑随着基地地形的变化将内外空间组织元素包括道路、墙、地面、顶面等，折叠成一个空间界面相互交叉、边界模糊并富有多样性变化的有机整体，给人以山谷、洞穴的自然环境审美感受和体验。此时，建筑就是一个具有表达性的地貌景观，向人们传达了港口的流动性特征。

　　建筑的界域属性赋予了建筑表皮、空间以及形态的表达性审美特征，建筑的表达性又加固了建筑与所在空间物质与非物质环境的强度关联。"界域"建筑的表达性信息在人们的意识和审美体验中，使建筑的时空维度得以延伸。

图3-31　横滨国际码头的折叠形态和空间

（三）空间形态的连续之美

建筑空间形态的动态连续性是作为"界域"的建筑遵循平滑空间模式进行运作的过程中呈现出的审美特征。在"界域"建筑平滑空间的运作模式中，建筑与环境的结域与解域，建筑内外空间以及异质元素之间相互作用、能量相互转换及与环境相互过渡的过程就形成了建筑空间形态富于节奏的动态连续性变化。建筑的空间形态的动态连续性审美特征是"界域"建筑与环境之间容贯性强度增强的空间形式美的表达，其容贯性愈强，建筑空间形态所表达的动态连续性的审美特征也愈加明显。并且伴随着这种强度的逐渐增强，建筑空间形态给人们传达出更为连续的塑性流动之美及信息非物质空间互动之美。

任何一个建筑实体空间都具有与所在环境进行空间分隔的属性特征，而作为"界域"的建筑，通过与环境的某种节奏的结域与解域生成了渗透性的建筑形体，模糊了建筑与环境之间强硬的边界，奏响了与环境的某种节奏相融合的迭奏曲，其动态流动的空间形式特征传递给人们连续塑性流动的审美感受。而随着信息技术在建筑领域的普及应用，"界域"建筑空间形态的动态连续性审美特征又表现为建筑在虚拟空间中与物质、非物质世界之间的信息关联强度所形成的容贯性的非物质平面的审美。在"界域"的建筑空间中，建筑与非物质环境的信息关联以信息流的方式在整个城市乃至更广阔的空间范围内延伸，构成了无限广阔的建筑信息"界域"。同时动态连续的信息流又规约着建筑的实体空间及形态，赋予了建筑空间新的动态性审美意义。由佩利·克拉克·佩利建筑事务所设计的东京330m高的摩天大楼（图3-32）以热情、友好、透明的风格

图3-32　日本摩天楼的信息"界域"

和轻触地面的姿态伸向天空，为东京的天际线增添了积极的色彩，如同一个城市的信息"界域"，在城市空间中形成了一个由办公、公寓、商店、酒店、画廊和学校等交织的媒介空间，带给人们城市生活中物质与非物质空间交融的审美体验，使这个城市信息"界域"的整体识别性在与人们的生活互动中得到加强。

　　哈迪德设计的Nordpark悬索铁路站地处阿尔卑斯山区，建筑模仿了山体的自然形态，加强了与周围自然环境景观及历史文化传统的强度关联（图3-33），形成了一系列动态连续的"界域"建筑空间系统，在空间形态上带给人们动态连续的空间审美体验。哈迪德通过特定的地貌形态以及独特的文脉

图3-33　Nordpark悬索铁路站建筑形态

表达，传达了建筑独有的空间形态特征。以富有表达性的建筑形态回应了场地条件的变化，在建筑的总体表现风格中保持了其周围自然环境的意象，形成流体动感的建筑形态，哈迪德指出，"希望每个站点的设计都能表达类似自然界冰雪形成时所呈现出的那种凝固的动感——让它们看起来仿佛山间凝固的溪流。①"这一设计清晰地表达了建筑与环境无限延伸的动态空间变化（图3-34），表达了"界域"建筑空间形态的动态连续之美。建筑在与所在空间环境之间的冲突、过渡、转化过程中形成了节奏的变化，由此带给人们在空间的固定视点或视阈内对这些变化的动态审美认知，其中包含了人对具有运动倾向的建筑形态的知觉审美感知，同时也包含了人们通过联想与想象在意识层面对建筑空间形态与物质、非物质环境之间的审美意象感知。

　　"界域"建筑美学思想是在德勒兹平滑空间理论的基础上，以建筑与城市关系的宏观视角对建筑的审美再思考。其中蕴含了非线性的、异质多元的、非理性的审美思维及逻辑，是对现

———————

① 陈坚，魏春雨."新场域精神之创造"——浅析当代建筑创作中营造场域精神之新语汇和新方式[J].华中建筑，2008（11）：11-12.

图3-34　Nordpark悬索铁路站的动态空间

代主义以来建筑线性的、机械的、理性的审美思维的反叛。"界域"建筑美学在审美城市、文脉等宏观环境的基础上解读建筑空间形态的审美特征，体现了由城市指向建筑的外延性的审美思维模式。"界域"建筑通过空间环境及异质元素自由运动的强度关联，形成了动态、开放、非均质的内外部空间形式，给人们带来空间动态流动的多元审美体验。

第三节　基于"无器官的身体"理论的"通感"建筑美学

　　自古典主义时期的维特鲁威开始到当代的建筑，"身体"在建筑美学话语中一直占有重要的位置。古典主义时期，建筑以人的身体为比例，体现了对身体美的崇尚和崇高的美学精神；现代主义时期，建筑空间的布局及结构关系以身体的模数为基础，体现了工具理性的美学思想。到了当代，科技理性充斥着人们的生活，呼唤了建筑空间中人们对"身体"感知体验最原初的情感关怀，当代建筑的审美取向中更加突出身体感知体验的意义。德勒兹无器官的身体理论以身体各感官之间开放性的、生成性的内在关联，生成了"通感"感知的审美图式，打破了我们对身体器官归类的认知，为我们以通感的身体为视角审美当代建筑，窥探其中的美学意涵提供了理论基础。

一、"通感"建筑美学的"无器官的身体"理论基础解析

德勒兹关于身体问题的思考是在"无器官的身体"这一哲学概念的基础上，对身体各感官之间内在关联的重新建构。身体各个感官官能界限的突破以及"无器官的身体"的生成，使身体抽象为一种感觉内在性的生产力量，生成了"通感"感知的审美图式和审美逻辑；"通感"感觉的审美逻辑是在身体有机活动界限被打破的基础上，直接诉诸神经之波生成的生命的审美激动和力量。在"通感"的身体层次上，审美当代建筑中身体、建筑、空间及事件的关系，建筑就如同一种强烈的、无机的生命，在身体中贯穿与震颤，给人们带来了身体"通感"感知层面的审美愉悦（图 3-35）。

（一）"无器官的身体"的"通感"审美图式

在身体意义上，我们对世界的审美认知通常是运动中身体的各感官之间审美意义的综合，我们通过身体的各个感官包括视觉、触觉、味觉、嗅觉、听觉及运动感等综合的审美感

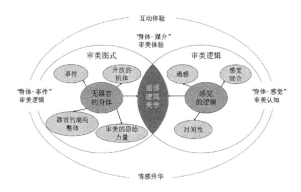

图3-35 "通感"建筑美学思想体系（作者自绘）

知方式，体验并建构了所在环境的审美意义。而"无器官的身体"在感觉的运动中和感觉的综合基础上，打破了身体作为有机体的活动界限和各个器官之间固化的结构关联，将身体抽象为一种感觉的混沌的、原生性力量和强度。被打破了机体界限的身体的各个器官成为一个混沌的整体，各感觉之间也形成了一个开放的和不确定的关联强度，在这一身体感知的强度力量下所生成的对世界的审美感知图式是"无器官的身体"的"通感"状态下的审美感知图式。这一图式阐释了身体不同层次、不同领域的审美感知强力在身体这一生成强度的多样体和母体中的流通和审美意义的生成。它表现了日常生活情境中新的审美意义突破现有的审美意义和身体层次被创造出来的过程。"无器官的身体"为建筑在身体通感感知上的空间审美体验提供了身体审美经验的最原始的力量，它所迸射出的身体审美感觉与外部环境之间的力量关联，加强了身体与建筑之间的审美感知强力的意义关系。

德勒兹认为，"来自身体层次不同感觉强力之间的'意义'，在本质上就是生成于身体不同领域'边缘'和'表面'的纯粹

'事件'。而非产生于不同'感官'差异系列向一个综合的'身体中心'的汇聚和整合。作为'事件'的身体，它不断地突破机体结构，向身体外在的异质领域和层次开放联系。^①"。在这一过程中，"无器官的身体"通过不断穿越身体层次的生成运动，改变各感官的关联状态，实现了新的审美意义的生成。"无器官的身体"为身体审美经验与感知提供了新的开放性的组织和"结构"，为新的审美的诞生提供了无限的可能，同时，也为在身体审美经验层次上所涌现的建筑空间审美意象的创造提供了新的契机。因此，在"无器官的身体"层次上重新对当代建筑及环境进行审美解读，在激发身体感觉力量的同时，也重新激发了身体对建筑空间新的审美感知和体验。这种感知和体验具有感觉的某种原始统一性，建筑直接穿越其中并激发出感觉的"情感"力量，是对建筑美学的升华。

（二）"通感"感觉的审美逻辑

德勒兹通过对培根作品内容和形式特征的探讨，揭示了其作品在视觉上多感的形象，其中隐藏了感觉的某种原始统一性和生命的力量，这一力量蕴含了节奏与感觉的关系，隐含了感觉在原始统一性的"通感"状态下的审美逻辑。这一逻辑是对审美过程中"感性"与"知性"二元对立观念的挑战，是非理性和非智力性审美逻辑的一种体现。隐藏于培根作品中的"通感"感觉的审美"逻辑"是在绘画作品中被呈现出来的穿越身体不同维度的"事件"向感觉层次的过渡与生成，以及在多维度层次的开放过程中所形成的"通感"身体感知的审美逻

---

① 姜宇辉.德勒兹身体美学研究[M].上海：华东师范大学出版社，2007：173.

辑。体现在建筑空间中，空间中的"事件"总是穿越不同层次和维度的时空，突破单一的、机械的重复，在"通感"身体不同层次的感觉和体验中得以综合，形成人们对建筑空间的审美体验和审美感受。这一过程所揭示的就是人们在审美和解读建筑作品过程中的"通感"的审美逻辑。这里的审美"逻辑"还与时间性紧密相关，建筑空间中的"事件"通过时间性的存在建立了身体与审美感知之间的关联。建筑空间中的"事件"和身体"通感"感觉的审美"逻辑"及其时间性特征，为我们关于建筑空间多样性的、异质性的、开放性的审美解读提供了思维的内在性逻辑。

苏州金湖双年展"泡泡"展厅（图3-36、图3-37）是在苏州市中心设置了一个大型的户外临时构筑物。构筑物就像一个造型容器，不规则的泡泡造型及曲面表皮，使观者通过视觉无法判断它的空间尺度，这就激发了观者身体穿过它的冲动。构筑物是由球状的外壳围合成的一个开放的、可供攀爬的、嬉戏的空间，在这里观者的参观路线并未被设计，而是任由自己身体的意愿在未知的空间中进行探索，在这过程中，观者的身体

图3-36　苏州金湖双年展"泡泡"展厅

图3-37　苏州金湖双年展"泡泡"展厅内部

行为和活动所引发的各种事件丰富了人们在空间中的知觉审美体验，使人们一进入构筑物就开启了一段具有启发性的旅程，同时也激发了身体感觉在空间探索中的审美感受。

"无器官的身体"的"通感"审美逻辑，使身体感觉在突破机体界限的开放关联中对建筑空间生成了新的审美感知体验，同时也在身体层次上创生了建筑空间新的美学语境和表现形式。通感的身体与感觉之间开放、共振的关联状态作用于建筑空间，也必然带来身体对建筑空间的审美体验的变化。同时，身体"通感"感觉的审美逻辑，又为我们诠释了身体"通感"状态下新的审美感觉体验向新的空间意义的转化生成过程，即基于身体与事件关联强度的审美意义的开放性的过渡与生成。"身体—事件"在建筑空间审美过程中的互为生成，揭示了建筑空间多样性与差异性的身体"通感"感觉的审美逻辑。而在当今信息社会背景下，信息媒介向身体感知延伸，激发了"无器官的身体"的"通感"感知的审美逻辑在"身体—媒介"基础上的空间审美体验。

二、"通感"建筑美学思想阐释

"无器官的身体"理论在各感官之间开放的关联和通感感知，使身体回到了知觉体验存在的本真状态，带来了以身体为媒介，感知建筑空间的新的审美体验和新的审美意义的生成。以"身体—感觉"为核心的建筑空间的审美认知实现了建筑空间形式穿越身体各感官层次的通感共振，生成了人们对空间新的审美感知；以"身体—事件"为核心的建筑空间的审美，使人们在差异性的时空结构和建筑形式中形成了开放性、多样性的建筑空间审美解读的思维逻辑；以"身体—媒介"为核心的建筑空间审美体验，带来了身体感官在审美过程中整体场的变化，同时建筑形式的信息媒介的拓展也促使了人们审美体验的新变化。"通感"建筑美学思想是"无器官的身体"概念及其意义在建筑空间中发生变化后形成的新的美学思想和审美逻辑。

（一）"身体—感觉"的建筑空间审美认知

"无器官的身体"自身的特征就在于它是一个"通感"感知的活生生的身体。它始终处于各感官之间互为运动和生成的过程之中，并始终保持着在感知行为中的主观运动状态[①]。德勒兹将这种在身体整体运动过程中所生成的感觉称为"身体—感觉"。建立在身体各层次感觉开放的关联基础上的审美及带给人们的审美感受和体验，我们称之为"身体—感觉"的审美认知。这种审美认知发生在建筑空间中会带给我们关于建筑新

---

① 胡塞尔. 生活世界的现象学[M]. 上海：上海译文出版社，2005：57-58.

的审美视阈和审美体验。事实上，我们在日常生活中，感受到的关于声音、颜色、运动、光线等的多元意象及对它们的审美认知本身就来源于身体不同感觉层次之间不确定的关联共振，以及由此生成的差异化的审美认知。因此，对于建筑审美而言，就是身体不同层次的感觉相互作用下，对建筑形象的多元感知及由此引发的身体感觉多元共振的审美体验。在传统的感觉理论及审美感知中，各感官界限的严格划分导致了身体作为"通感"审美感知状态的人为分离。而事实上，身体对建筑空间及建筑意象的审美感知已经超越了身体层次上各感官之间单纯的关联状态所产生的审美结果，它是建筑与身体整体感官之间最内在的作用所产生的审美认知。这就如同我们在欣赏绘画作品时用眼睛去触摸作品所产生的审美体验，它是感官官能的突破与混沌状态下所产生的审美认知体验。由此我们在感知建筑时，建筑与身体器官官能之间形成复杂的、多变的、不确定的关联，在与日常生活的具体情境和意象产生相碰撞时，就赋予了建筑与身体感觉之间相互作用的整体性生成运动，形成了"通感"的身体对建筑的审美认知。

在"身体—感觉"的审美认知过程中，身体是打破了机体结构的身体，感觉是作为"外在的力"穿越身体的不同层次或器官之间暂时的、未定的关联而产生的运动①，在此基础上产生的审美认知表现了"身体—感觉"之间相互渗透的积极能动状态，进而开启了我们对建筑空间意象审美体验穿透生命的力量。这一力量蕴含着一种节奏，比视觉、听觉、触觉、味觉等感觉认知更为深层。就如同建筑是凝固的音乐，建筑的形象或

---

① 姜宇辉.德勒兹身体美学研究[M].上海：华东师范大学出版社，2007：161.

在人们审美认知过程中形成的某种意象表达的节奏，进入人的视觉和听觉领域时，产生了穿越身体力量的审美享受。

在德勒兹的感觉理论中，真正对于审美的认知与理解不是"识别"而是"相遇"。"识别"是指在审美感知的经验中发现其内在的审美逻辑与认识结构的一致性，就是当下的审美感知材料与已有的审美认识模式之间的同化；而"相遇"则是指一种始于没有器官分化的、整体的感官在面对审美感知材料时，直接且猝不及防的震惊及冲力①，这是一种不能被同化于任何审美认知模式的感知和审美体验。当我们的身体进入建筑时，建筑空间的变化激发了身体各感觉层次的"相遇"，形成了审美感知的通感共振，这种审美感觉的共振超越了精神的审美体验，是存在于身体之中的整体审美感知突破了各个官能机体界限后，而产生的相互作用的审美结果。赫尔辛基的JKMM建筑师事务所在美国内华达州沙漠深处建造的火人节桑拿房（图3-38），激发了身体各感觉层次在空间中通感的审美体验。桑拿房由深色木板条建成，围绕在一个有遮阴的室外庭院呈环形布置，弯曲的环形空间中沿着墙壁和中央炉灶设置有木制的长凳。游客通过一个光线昏暗的通道，进入蒸汽室。一条环绕建筑的循环路线打破了游客对方向感的理性认知，弥漫的蒸汽降低了视觉的敏感度，身体在这个空间中最原初的感觉被激发出来，身体与感觉在空间中互为生成，让游客充分感受到放松状态下身体的愉悦和审美的体验。可以说，建立在"身体—感觉"上的空间审美过程，就是基于日常生活的具体"情境"，

---

① Eva Perez de Vega.Experiencing Build Space : Affect and Movement[J]. Proceedings of the European Society for Aesthetics，2010（2）：43.

图3-38　芬兰火人节桑拿房

光线、声音、颜色、运动以及空间等的多元意象刺激，作用于"无器官的身体"而产生的"身体—感觉"的开放的、不确定的综合"效应"带给人们在建筑空间中的审美感受和精神愉悦。

（二）"身体—事件"的建筑空间审美逻辑

德勒兹"通感"感觉的审美"逻辑"向我们揭示了建筑空间中的"事件"通过时间性的存在和开放性的生成，建立了身体与审美感知之间的关联。其中蕴含了"身体—事件"的建筑空间的审美逻辑。建筑空间中"事件"的根本属性就是穿越身体不同层次的审美感知和体验的开放性意义的"生成"，它总是根据身体不同层次和对所在空间环境审美认知关系的变化，不断地改变着自身的本质。在建筑空间中，"事件"与身体发生关联而生成审美感知的逻辑与以下两个因素发生关联，影响着我们的审美体验。

　　首先，建筑空间与形式之间的开放、多元、不确定的关系，引发了建筑中的事件及身体的行为活动，进而产生了身体之于空间的审美体验。"事件—身体—行为—审美"在建筑空间中混合，建筑空间与形式的不确定性使"事件"成为开放性生成的事件，此时事件与突破了机体界限的通感状态下的"无器官的身体"相遇，引发了身体在建筑空间中开放性、生成性和不确定性的运动和行为，运动的"无器官的身体"与开放性、不确定性的空间相遇，使人们获得了通感共振的审美冲力和审美感受。信息技术的发展及在建筑空间中的应用，实现了虚拟"事件"的空间形式与身体感官的交互式关联，基于虚拟现实技术的空间形式，唤起了身体感官的敏感度，带给人们别样的空间体验和审美感受。新锐AR空间设计师陶柏帆在重庆解放碑商业街AR项目中（图3-39），运用文化元素与交互事件，组成了一个完整的空间叙事结构，通过身体在空间位置中

图3-39　重庆解放碑商业街AR项目

的变换，来决定事件是否被激活。其中不同颜色分别为固定事件、唤起事件，共同组成城市的空间体验。进而激发人们去关注这座城市本身的文化和故事，去寻找那些被现代主义都市景观忘记的神话与传闻。整体项目的设计体现了"身体—事件"的建筑空间审美逻辑，这一空间是人与环境之间的全息智能空间形式，使身体以寻找快乐为目标成为引发虚拟事件的发生器。以此建立了身体的感官与建筑空间环境信息之间的开放式交互关联，并通过智能界面，将身体的各种变化实时空间化地表现出来。人们在这样的空间中感受着身体与空间交互的精神愉悦。

其次，建筑空间中的身体与事件的时间性存在紧密关系，激发了身体之于时间的审美体验。从时间的角度上说，建筑空间中的事件打破了过去、当下、未来这种单一的时间刻度的划分与界限，它是不同时间层次和维度之间的并存与共振，是穿越通感知的无器官的身体与不同层次和维度时空的关系网络的差异性审美感知的不断生成。在这一过程中，"事件"不断地唤起、重织、拓展、交叉不同时空层次与维度在身体中的审美感知的生成运动，就是"事件"的最本质的"意义"①。因此，"事件"具有非物质实体的属性，是身体审美行动与激情的结果；"事件"在不断地分解和转换建筑时空中，使人们感受到建筑空间审美的差异性和多样性，增加了人们在空间中的审美维度，带给人们丰富的时空体验。屈米的瑞士洛桑福隆公交和火车交换站（图3-40～图3-42），将洛桑城的典型构筑类型——"桥"的概念引入建筑中，将建筑主体设计成四座"可

① 姜宇辉.德勒兹身体美学研究[M].上海：华东师范大学出版社，2007：132.

图3-40 瑞士洛桑福隆公交和火车交换站"桥"

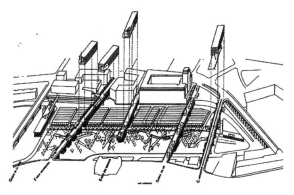

图3-41 瑞士洛桑福隆公交和火车交换站鸟瞰图

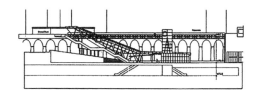

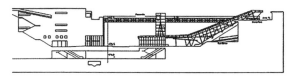

图3-42 瑞士洛桑福隆公交和火车交换站剖面图

居住的桥"。并将"桥"的功能从交通空间延伸、转换至居住空间，由此"桥"成了各种新型的、不可预期的城市事件和身体行为的生成器，新型的建筑空间和类型呈现在人们的面前。这些桥通过与楼梯、电梯和自动扶梯系统的连接，成为历史城市与谷底的老工业区之间的连接通道，桥作为事件的生成器也建立了现在与历史之间不同时间层次的空间关联网络。生活在其中的人们通过身体行为与事件的相遇，感受着这种差异性建筑形式带来的现在与历史之间多维度时空的精神享受和审美感受。

"身体—事件"构成的建筑空间中的审美逻辑，是基于事件引发的建筑空间中身体的审美行为和活动。事件是特定的时空点上的事件，是能动的和具有"戏剧性"的事件，德勒兹用"断裂"来形容"事件"的剧烈变化和能动状态。事件在建筑空间中的发生改变了空间的时空结构，引发了空间中身体各层次之间差异化的开放关联，进而产生了差异化的审美体验。身体、事件与建筑空间的互为生成与混合，给人们带来了建筑空间丰富多变的审美感受。

（三）"身体—媒介"的建筑空间审美体验

"无器官的身体"的通感感知方式是我们身体感官官能的真实存在状态，反映了身体感官及情感的真实需求。只是在人们日常的生活情境中，由于思维习惯和理智的限制，使得我们身体的通感感知方式一直处于隐性的状态，很少被激发出来。而在信息社会的今天，信息传感的方式将身体感官通感的状态在数字化的媒介中显现出来，数字技术成为我们身体感官的一种延伸，激发了身体的通感感知，信息媒介激发了身体感官强度关联的内在性平面。正如麦克卢汉所说，任何的媒介都是人的感官的一种延伸，媒介拓展了人的'感觉的整体场'的维度，以及感觉与感觉之间关系的比率，进而产生不同的审美认知，媒介的拓展延伸了感官的官能，同时也改变了感觉之间的关联状态和人们的审美体验。在纸媒介时代，视觉主导一切，人们以线性的、逻辑的、归类的知觉方式对感知客体进行审美[1]。而信息社会数字媒介时代，以触觉为主导的身体的综合感知超越了以往视觉的主导位置，并体现出一种非线性的、发散的甚至是混沌的审美感知客观物质世界的方式。由此，数字化媒介也带来了通感的身体在审美与解读建筑空间中新的意义的生成，同时"身体—媒介"在建筑空间中的感知方式也给人们带来了全新的空间审美体验。数字技术及多元媒介介入建筑空间的信息表达，在以媒介引导身体感知和行为的建筑空间中，建筑以多元的时空维度交错、开放的空间形式，不断激发着身体感官的通感审美感知。身体在建筑空间中审美感知的整体场发生变化，随之带来了人们全新的空间感受和审美体验的不断生成。在审美感知中，"身体—媒介"作为身体与建筑相互塑造与作用的客观存在，构成了身体审美感知与建筑强度关联的"内在性平面"，使身体在媒介的无限衍生中体验到了建筑时空维度拓展所带来的审美体验和精神愉悦。此时，媒介就像是身体各感官组织关系的"实验场"和"调色板"，在其中我们不断地发现和发明着新的审美感知形式[2]，在这一过程中身体在建筑空间中新的"意义"不断创生，审美体验不断加强。

---

① 陈永国，编译. 游牧思想——吉尔·德勒兹，费利克斯·瓜塔里读本[M]. 长春：吉林人民出版社，2004：578.

② 姜宇辉. 审美经验与身体意象[D]. 复旦大学，2004：130.

梵高星空艺术馆（图3-43）通过信息界面和沉浸式艺术互动装置在空间中的应用，为人们创造了一个"身体—媒介"交互场景混合、色彩斑斓的空间环境。空间中的3D影像和环绕立体声将参观者带入了一种具有身体感知沉浸感的环境中。使身体在参与空间多元维度创造和生成的过程中，延伸并丰富了身体对空间的审美感知与体验。空间中参观者的身体行为以虚拟的、抽象的影像方式被实时地投射到空间环境中，并随着参观者身体的移动，屏幕中的影像空间会被越来越多的数字化形式填充。这些影像空间中的数字化形式延伸了身体审美感知空间的媒介，使身体在与空间的互动中得到了感官的愉悦。

图3-43　梵高星空艺术馆

"无器官的身体"的通感审美感知图式在当代建筑"通感"美学思想中的应用突破了古典时期身体作为建筑"度量尺度"的美学观念，使身体更加观照内在的本真状态在空间中的审美体验，在空间中身体本真的存在情境中，它是与外在世界多元刺激开放关联的活生生的身体，它打破了一切静止的、等级的和秩序的审美逻辑，通过身体各感官之间开放的力的强度关联，构成了身体与建筑空间审美的内在性场域。"无器官的身体"的审美感知方式也将身体与建筑关系的审美思考延伸到了社会、政治、权力、人的本性等更为广阔的审美维度。

三、"通感"建筑美学的审美特征解析

建立在"无器官的身体"概念基础上的"通感"审美感知图式和由此产生的审美逻辑、建筑美学思想，改变了身体在审美过程中的感官官能之间的组织结构及感觉之间的比例关系。身体成为一个通感的整体，通过对建筑空间中的意象、事件、媒介等外在力的多元刺激的审美感知，形成身体审美的通感共振。在这一过程中，身体各感官之间的相互渗透，激发了人们对多元刺激下的建筑空间审美体验的情感性和互动性。

（一）情感的升华

当人们走近一栋建筑或进入这一建筑空间时，如果建筑空间环境的某些特点或空间中的事件触动了人们身体感官"通感"状态下的审美感知，处于人们意识中的某种情感就会被唤醒，这时人们对建筑及空间的体验就会升华为一种美的享受并体现出情感性的审美特征。此时，身体—感觉—空间之间的相互作用和互为生成，激发了人们在建筑空间中的积极交流体验及情感上的升华。正如德勒兹"感觉的逻辑"中所阐述的那样感觉在一种色彩、一种味道、一种触觉、一种气味、一种声音、一种重量之间，都有一种存在意义上的交流，从而构成了

感觉的"情感"时刻①。在建筑空间中的身体与环境进行主动交流的过程中，形成了身体感觉的情感体验。它是身体的整体感觉场在空间环境的作用下产生的"通感"感觉的情感状态，这一情感状态也进一步激发了身体在建筑空间中的审美体验。建筑空间审美体验的情感性特征体现为两个方面：一方面，人们从建筑空间及空间中的事件直接感受到情感升华的审美体验。HOV工作室2001年设计的情感博物馆将人们的感官直接带入了情感性的审美体验之中。博物馆是由惊讶、恐惧、厌恶、愤怒、喜悦、满足、幸福等情感构成的情感体系，它们在空间中无序地流动。通过参观者的行为产生博物馆内环境的变化使这些无序流动的情感被表达出来，同时参观者在体验过程中，将自身的情感融入其中，实现了情感的升华。澳大利亚悉尼星空黄金海岸星际大酒店的前厅设计采用了沉浸式空间的设计手法，被命名为悉尼影子（图3-44），它是世界上第一个永久性室内照明和互动数字艺术大厅，是一个当代艺术与高科技融合的互动空间。当客人进入酒店时，他们将体验到美妙而激动人心的视觉旅程。酒店的中央大厅包括一个25m长、8K分辨率的月牙形屏幕，用于展示当代澳大利亚艺术家的作品，这些作品影像随着人体运动做出动态的响应，与访客进行互动。访客在酒店大厅空间中通过身体行为、色彩、情感等的相互作用与当代艺术之间形成一种情感上的交流，并从情感交流中体验对建筑空间的审美。

① [法]吉尔·德勒兹. 弗兰西斯·培根：感觉的逻辑[M]. 董强，译. 桂林：广西师范大学出版社，2007：45.

图3-44　悉尼影子

　　另一方面，建筑空间的环境及事件刺激了储存于人们身体的某种感官的关联状态，使人们通过联想或想象间接地体验到了一种空间审美的情感性。墨西哥建筑师路易斯·巴拉干曾说："我相信有情感的建筑，其中那种给使用者传达美和情感的方法就是建筑[①]"日本建筑师安藤忠雄在建筑中大量地运用混凝土、石材、木材等材料，激发身体与建筑之间的亲缘关系，让人产生对大自然亲切感的联想，从而激发了人们在建筑审美过程中的情感体验。他的水之教堂将自然界中的光、水体、自然景观等要素与建筑结合，营造空间场所精神，充分地

[①] 王丽方.潮流之外——墨西哥建筑师路易斯·巴拉干[J].世界建筑，2000（3）：56.

激发了人们关于自然情感的审美体验。

在建筑的审美过程中，建筑对人们情感直接或间接的激发是实现建筑审美层次升华的重要方面，也是人类自我表达和自我满足的本能意识。只是在不同的社会背景下，审美体验的情感表达方式有所不同。当代信息社会背景下，建筑带给人们的审美体验的情感性更加趋向于以数字化为媒介的情感交流。

（二）互动的体验

信息时代，信息媒介和数字技术的介入，使建筑中身体、事件、空间、场景等不同信息之间的相互传播与转换成为可能，建筑以"身体"感知为核心，在与空间的互动中延伸了身体的审美感知体验。信息技术的介入，使建筑如同一个有生命、有知觉的有机体，它是"通感"感知的身体与建筑之间相互塑造、相互作用的强度表达。这一强度决定了人们在建筑中的审美体验。数字媒介在建筑中的应用形成了身体与建筑之间信息的无限交流，使建筑从被动适应人们需求的无生命的物质实体转变为能够与人们的行为进行交流、互动的建筑空间，这是对建筑物质实体空间存在本身的一种超越，也是对人们原有审美观念的一种突破。

Cutback工作室于2020年设计的沉浸式交互空间——"高迪，想象力的设计师"（图3-45）通过沉浸式数字设计，为人们创造了一个可以沉浸其中并与之互动的空间。人们进入建筑空间时，建筑的空间形态会随着人们的行为不断地发生变化，带给人们身体和视觉的强烈刺激，斑斓的色彩与形态使人们感受到强大的视觉冲击力和审美的愉悦感。

图3-45 "高迪，想象力的设计师"

　　人们对于建筑空间审美体验的互动性特征还体现在与组成建筑的一些内部装置的互动上。受"万物有灵论"的启发，法国艺术家Claire Bardainne和Adrien Mondot使用多媒体数字技术制作出陈酿挥发、酒气弥漫空中的"迷幻蒸汽"的艺术场景（图3-46）。用沉浸式的光影结合一种透明物质制造出这些隐隐流动的暗黑效果，就像这味"黑霉菌"一样，飘浮在空气中，缠绕在观众的周身。在整个交互过程中，动态图像紧随观众的动作而起伏，如影随形，让人感到既亲切又神秘，使人们在信息的互动过程中体验审美的愉悦感受。数字媒介在建筑空间中的应用，将人们带入与空间环境的互动体验之中，身体通

图3-46 迷幻蒸汽

过数字技术的延伸，成为建筑空间的重要组成部分。一方面，带给人们在空间中丰富的审美体验；另一方面，也丰富了建筑的空间形式，促使建筑空间从"静态"到"动态"转化过程中新的审美范畴、审美思想的产生。

第四节　基于动态生成论的"中间领域"建筑美学

　　21世纪被称为"生命时代"，在这样的时代里，建筑更加关注生物多样性、关注地球环境，更加重视生态。生物化、智能化的建筑逐渐进入了人们的视野，建筑在形态上呈现出动态多元的变化，在功能上能够与环境进行联通式自组织更新，表现出极大的环境适应性。建筑成为连接自然与人的一个"中间领域"，变得更加具有包容性和综合性，建筑综合了多种技术方法、学科领域，在空间形式上突破了实体空间的限制，审美维度随之发生改变。生命时代的建筑改变了现代主义时期建筑"形式随从功能"的设计理念，更加关注自然界中的各种能量及人的精神、意识等对建筑的影响，建筑在这些能量的基础上表现出形式追随"生态能量"的生命过程。因此，现代主义的机器美学已经不能适应生命时代建筑美学的发展方向。而德勒兹生成论的动态生成观、差异性内核及所蕴含的"中间领域"的生态美学意涵诠释了建筑的生命形式之美，为生命时代建筑的审美指明了方向。

一、"中间领域"建筑美学的生成论基础解析

生成论是德勒兹哲学美学思想的重要内容。它以"块茎说"为核心，以"块茎"的生成模式向我们展现了一个动态、多元的生成观和流变的审美思维逻辑，它是对人类中心主义和传统等级的、秩序的、线性的审美逻辑的解构和多元流变的活力论的审美思维的重构；生成论中蕴含的深层的生态美学观念为当代建筑美学提供了"中间领域"的审美视阈，为我们审美解读当代建筑自然生态的无限性观念及审美思维提供了理论基础；生成论中异质元素差异性的生成，衍生了当代建筑的复杂多变、不确定的空间形式，带来了当代建筑新的美学意义的生成（图3-47）。

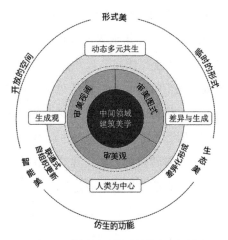

图3-47 "中间领域"建筑美学思想体系

（一）"中间领域"生成观的审美视阈

在德勒兹的哲学美学思想中，他以"块茎"的形态及生长方式向我们描述了大千世界事物之间复杂的关联网络。"块茎"的异质混合原则、各个维度的繁殖原则以及无意指断裂的原则向我们诠释了"块茎"无中心、多元化、不确定的生成逻辑。这一逻辑颠覆了长期以来西方哲学二元对立的思维逻辑，"块茎"生长过程中无中心地蔓延，体现了"块茎"运行模式中的无中心、无组织、无层级的后现代思维模式，其中蕴含了后现代主义非理性、非逻辑审美思维的活力。德勒兹用生成论来拒斥作为认知世界基点的静态结构，关注差异结构间异质元素的动态生成。德勒兹的动态生成观是对传统人类主体论的解辖域化，体现了动态活力论的视角，肯定了大千世界各种物质存在的价值与意义，蕴含了"中间领域"生成观的审美视阈，即在大千世界中，人类并非主体的存在，而是组成多元世界的一部分。这一观念与生命时代建筑的发展趋向相契合，并在思维逻辑上为我们提供了审美生命时代建筑的"中间领域"视阈。"中间领域"这一概念最早由黑川纪章于1960年在新陈代谢空间论中提出，用以指涉生命时代的建筑从二元论转向"共生思想"的一个重要条件。建筑作为"中间领域"这一审美视阈体现了建筑在成为连接人类与物质、非物质环境的媒介过程中所具有的复杂性、多义性、不确定性的审美意义，这体现了一种宏观的美学观念。

　　"中间领域"的建筑美学思想，将建筑放在连接自然生态与人类社会、文化、历史、艺术、心理等多样性的环境中进行审美与解读，这打破了现代主义建筑机器美学，将建筑作为独立机能体存在的机器，并与外在环境相分离的状态。"中间领域"建筑美学思想，以德勒兹生成论多元秩序的生成逻辑为基础，为生命时代建筑审美思维的多元化、不确定性、非理性的构建提供了哲学的理论基础。生命时代的建筑在信息技术、生物智能技术等的介入下，与工业社会作为机器产品的建筑在形式上形成了鲜明的对比，表现出空间的多义性、多元流动性、互动性、仿生性、临时性和开放性等审美特征。建筑作为人类社会与自然生态之间共通的领域和要素，通过形态、技术及功能的生态表达成为人类感受自然、理解生态的"中间领域"媒介。这一审美视阈将建筑作为与人类社会和自然生态连接的综合体，并随着人类社会和自然生态的变迁而动态生成。"中间领域"的建筑与人类社会、自然生态之间相互渗透、互为生成，并且随着双方之间的相互渗透与影响，建筑所指涉的范围也在不断地变动。所以说，"中间领域"的审美视阈将生命时代的建筑理解为多义性、双重性的暧昧领域，建筑并不是固定存在的，而是永远处于动态的生成和变化之中，其中蕴含了德勒兹流变美学的深刻意涵。

（二）"中间领域"建筑美学的差异性审美图式

德勒兹哲学美学的整体思想是建立在差异性元素的重复运动与差异化的生成基础上的。"差异与生成"是德勒兹哲学美学思想的核心内容。差异性元素的存在为我们勾画出了一副关于静止与运动的优美图式，这一图式为我们表征了德勒兹流变美学的意蕴特征。差异的存在引起运动，差异的消除导致了静止。在运动与静止之间生成大千世界的无限可能。大千世界中一切皆生成，一切皆为差异性元素的生成结果，在这一过程中差异性元素之间形成了一个复杂的关联网络，就如同"块茎"的生长，没有中心、没有等级，每一个小的"块茎"都可以作为连接其他部分的"中间领域"。生命时代的建筑也是如此，作为连接自然生态与人类社会的"中间领域"的生命体，表现出多元差异性元素的动态生成，在这些异质元素的连接过程中生成了生命时代建筑多样化的生命体形式，并表达出"差异与生成"的审美图式。

生命时代的建筑作为自然生态与人类社会宏观网络中的一个"块茎"，根据环境的变化在动态生成的过程中不断地产生差异，衍生出多样的建筑形式，体现了流变美学的思维逻辑，与工业时代机械美学的树状思维逻辑形成鲜明的对比。"中间领域"的建筑美学思维，在整体的思维方式上没有一个严谨的逻辑结构，而体现出流变、离散的思维模式，就如同游牧民在草原上的行进路径，勾画了一个无边际的思维网络，具有无限的衍生性。作为"中间领域"的建筑在不确定的、动态的建筑形式中创生了新的美学意义。德勒兹的"块茎""游牧""褶子"等概念的生成与运作模式，为我们进一步描绘了差异性元素运作的美学图式。这些概念都蕴含了反中心、反系统、反结构等的思维观念，体现了后结构主义哲学美学思想差异性的"无结构"之结构的审美观念，由此打破了传统哲学美学思想理性的、等级制的审美思维逻辑的壁垒，让后结构主义哲学美学家不再一味地去探寻审美对象的本质，而是让自己的审美思维向无数个不同的方向自由流动。后结构主义哲学家不把审美客体看成是等级制的、僵化的、具有中心意义的树状系统，而是把它们看作如"块茎"一样可以自由发展或可以自由驰骋的"千高原"[①]。"中间领域"建筑美学的差异性图式为我们展示了一个差异性元素运作的宏观网络及永远处于流变中的审美形式，在当代美学语境中主要体现为以下两个方面。

首先，"中间领域"建筑美学的多元性、差异性与现代主义建筑美学的二元论体系和中心化的思维逻辑形成了强烈的反差。"中间领域"建筑美学差异性的审美思维把建筑从审美的中心位置解脱出来，构筑了一个"中间领域"的宏观审美图式，这一图式是由多条"逃逸线"组成的错综复杂的、没有边界的强度的平面，差异性元素之间的关系决定了这一平面的强度，这一强度所表现的力的大小反映了建筑形式所承载的审美力量的强弱。因此，差异性是"中间领域"建筑审美思维的核心内容，它具有多元的、不确定的特征。

其次，"中间领域"的差异元素改变了建筑空间形式美的

---

① 邓亚梅.非理性认识论：德勒兹"块茎说"及其现代意义[J].燕山大学学报（哲学社会科学版），2010（6）：117.

表现形式，将建筑空间从主次的等级划分中解放出来，形成了动态流动的异质性空间的多元生成。建筑空间中异质性元素的冲突与协调形成了建筑空间运作的强度的韵律和力量，使空间"涌现"出不同的形式。当代"涌现性"的建筑空间形式就体现了这种异质元素在空间中的运作。涌现性的建筑空间通过基本空间单元的集群簇化，形成一个无中心、无主次的空间整体关系，这打破了现代主义建筑美学的空间秩序关系，体现了异质性元素构建的多元空间流变的韵律美。赫斯维克工作室在布拉格市中心历史悠久的温切斯拉斯广场建造的零售和办公空间项目（图3-48）体现了异质元素构成的冲突的空间形式。通过与温切斯拉斯广场外的三条主要街道相连，该建筑围绕一系列庭院和通道，将几座传统建筑连接起来，在保护历史的同时又建造了三座充满活力的新建筑，建筑外立面台阶式的绿色露台和楼梯使人们能够沿着建筑物一直走到屋顶，展现了整座城市意想不到的新公共空间景观和由异质元素构成的多元流变的空间韵律形式，建筑以开放的形态与整座城市的肌理有机融合，表达了异质元素所蕴含的动态的空间形式特征。同时也为人们带来一个视野多变、自由、灵活的空间场所。建筑内部空间开放的、流线型的空间形式进一步表达了流动性的空间审美意蕴。

从"中间领域"建筑美学产生的差异性图式的运作过程来看，它体现了生命时代的建筑在自然生态和人类社会关联网络之中自组织运行的基本规律，其中蕴含了建筑动态空间流变的形式美特征。德勒兹生成论美学中的差异性思想为"中间领域"建筑美学的差异性图式的生成与审美解读提供了理论平台，为适应生命原理的生命时代建筑的自组织生成及其所表达

图3-48 温切斯拉斯广场零售及办公空间项目

的形式美特征的解读提供了哲学依据。

（三）"中间领域"的生态审美观

"中间领域"建筑美学以德勒兹生成论为基础，在深入思考自然界和人类社会的动态连通性和多样性的基础上，以非人类为中心的视角对生命时代的建筑与社会、历史、文脉、自然、生态、无机领域等的连续性生成的现象进行审美层面的思考。德勒兹生成论中"游牧""块茎"等创造性概念生动地描述了自然生态的运行机制，蕴含了深层的生态观念，为生命时代建筑的生态审美观的建立提供了基本的喻体。

"中间领域"的审美观打破了传统认识论中主体与客体二分对立的状态。工业社会背景下实用技术理性作为主宰世界的本源，人类是世界的中心，人类作为主体与自然生态客体之间是二元对立的存在关系。在这一关系中，建筑成为人类居住的机器而远离自然。而以德勒兹"块茎"学说为主体的生成论，摒弃了工业社会二元论秩序的规范化和等级制，从人类中心主义过渡到生态整体的生态审美观，从而也将建筑带入自然生态与人类社会的"中间领域"的审美视阈。德勒兹以"块茎"的生态学特征诠释了审美的非中心、无规则、多元化的生态存在论的观念。德勒兹的生成论表明，在人类与自然界构筑的"块茎"网络中，人类并不是唯一存在的生命，人类与其他多种多样的生命体共同构筑了自然生态的整体，它们在相互作用与影响的过程中互为动态生成，其中体现了对传统的人类中心主义的解辖域化和生态整体活力论的多元视角。

当代的许多建筑在表达与自然生态和人类社会融合的设计理念时展现了"中间领域"的审美观。例如，BIG事务所

2019年提出的海上漂浮城市的概念设计，由6个岛屿组成的漂浮城市自身就是一个能与自然生态和人类社会之间进行能量转换的动态"块茎"（图3-49），这些岛屿可以根据需要灵活组合移动。漂浮城市就如同一个自治的生态系统，岛屿上的每一个村落都包含了生活社区模块并与农业和海底养殖相结合，使社区能够实现自给自足。整个漂浮城市如同一个与自然生态关联的动态生命体，随着自然环境的变化，建筑的机能也发生相应的改变，由此成为连接人与自然的"中间领域"，岛屿"块茎"结构体之间的异质连接所呈现的异质、开放、流通的空间形式又体现了非理性的审美思维逻辑和美学观念。"中间领域"的生态审美观是对主客二分思维模式的消解，蕴含了非理性的审美思维。生命时代的建筑作为自然生态和人类社会中的一个

图3-49 漂浮城市

"块茎"包含异质性的构成要素，并与其他"块茎"相连形成一个庞大的网络，在这个网络中"块茎"之间的联结与断裂，呈现出非理性的审美思维逻辑。建筑在与环境进行异质混合的过程中衍生了与自然生态无穷尽的关联，这也促使我们在解读建筑时，摒弃等级思想的机械美学观，而以非理性的、多元、动态的生态观念审美建筑、自然和人类社会的关系。

德勒兹以"块茎"学说为核心的动态生成论为我们提供了审美自然生态的宏观视阈，并建立了一个与传统认识论树状思维迥异的非理性审美思维的逻辑。同时，"块茎"的反中心、多元化、无等级等特征，及其与异质性元素、环境互为生成的运行机制，为我们解读和审美生命时代的建筑与自然生态、人类社会的关系提供了"中间领域"的审美观。生命时代，建筑作为连接自然生态与人类社会、文化、历史等多元异质性要素的"中间领域"，打破了工业时代二分对立的机械美学的审美秩序，生成了自然生态整体中的调和异质环境与要素的多元有机体。

二、"中间领域"建筑美学思想阐释

"中间领域"建筑美学思想诠释了生命时代的建筑在形式、功能、空间、结构等方面表达出的多样性、差异性、生成性、仿生性、开放性、生命性、智慧性等审美特征。它是以建筑与自然生态和人类社会的宏观视野来审美建筑的发展，蕴含了动态多元共生的形式美、差异化的生态美、联通式自组织更新的功能美等思想内涵。这一思想以"中间领域"的视角对建成环境与人类社会和自然生态的互动关系进行了重新的审美解读，对生命时代建筑形式美的重新塑造起到了引领思想的作用。

（一）动态多元共生的形式美

生命时代作为"中间领域"的建筑呈现出动态多元共生的形式特征。建筑通过异质混合、无意指断裂、解辖域化等生成方式和运行模式，与环境之间动态协调，展现了生态美学的观念，以及多样性和动态性的韵律美、生命美的形式，它是对现代主义机械美学思想的一种反叛。建筑形式的多元共生带来了建筑与环境之间主体与客体、域内与域外、精神与物质等二分对立的双方的解辖域化。建筑以一种开放的形式融入环境，并随着生态的变化不断地自我更新，生成了符合生命原理、有机生命体的建筑形式，与现代主义建筑的独立机能体组织形成了鲜明的对比。建筑与复杂科学技术结合紧密，与自然生态、社会环境的动态多元共生表现得更为主动。

MVRDV设计的深圳万科总部大楼（图3-50），通过开放城市的设计理念与城市景观、结构多元共生，通过8个体块的穿插、组合，以多样性、开放性的形式，最大化地减少对生态的破坏，并建立了自然与城市的过渡关联，体现了建筑、城市、自然之间动态多元共生的"中间领域"建筑美学思想。建筑的层叠塔楼形成了多个绿化的屋顶，塔楼底部的绿色公园响应了深圳市"海绵城市"的倡导，多孔化景观，不仅能预防洪水，还能减少城市对生态系统的影响。此外，楼体的水收集和循环系统强化了建筑的生态功能（图3-51）。建筑的底部是一个下沉式多层绿色公共空间（图3-52），从地下二层延伸至地上一层，贯穿场地的道路也被整合在内，结合空中的人行通道，使建筑融入了环境。建筑在形式上完美地表达了"中间领域"建成环境与自然生态、人文社会的动态多元共生。广场和人行道组成了一个荫蔽且通风良好的空间，让人们在热带气候中可以得到休息（图3-53）。

图3-50　深圳万科总部大楼　　　　图3-51　深圳万科总部基地环境

图3-52　深圳万科总部下沉式多层　　图3-53　深圳万科总部公共空间
　　　　绿色公共空间　　　　　　　　　　　交通通道

　　生命时代的建筑以"中间领域"为视阈，体现了动态多元共生的美学思想。建筑所表达的形式美、审美逻辑都与现代主义建筑形成了鲜明的对比。首先，体现在建筑形式美的表达上，由追求数理的严谨性转向数理结构"块茎"逻辑的灵活性。现代主义建筑作为工业化的产品追求技术的严谨性、逻辑性，在形式美的表现上，体现出精准、坚固、简洁的特点，是机械美学和技术美学的形式表达。但是，现代主义建筑受西方哲学二元对立思想的影响，缺乏与环境之间的对话。而生命时代的建筑，改变了与自然生态、人类社会的对立关系，随着复杂科学的发展和哲学领域二元论秩序的打破，建筑从机械的数理逻辑中解放出来，转向了体现生态整体性的、灵活多样的"块茎"式的逻辑，并表现出动态流变的形式美特征，建筑的功能与形式的适应性得到了日趋完美的表达。

其次，体现在审美逻辑上，由理性主义的线性逻辑向"块茎"的网络逻辑转变，表现出多元的、开放的审美趋向。生命时代，建筑就是自然界生态网络中的一个动态变化的"块茎"，遵循并体现了整体生态网络的审美秩序，同时又具有自律的形式特征。建筑在整体的生态网络中以"块茎"式的多方向、无中心的多元审美逻辑，打破了现代主义以建筑为主体、自上而下、理性、线性的审美逻辑和表现形式，体现出韵律变化的生命形式和自然生态的运行方式，以及异质、多元、开放的审美特征。

（二）差异化的生态美

工业社会作为机械产品的建筑，"功能美"和"技术美"是建筑追求的审美表达，建筑在形式上表现出完善的功能与严谨的结构秩序。建筑的功能性是工业时代建筑审美的最基本形态和审美意义的核心。而生命时代，建筑作为生态网络整体中的一个"块茎"，在与环境共生过程中表现出了差异化和多样性的形式。在这一过程中组成建筑的各差异性元素，以及元素之间的融合与衍生赋予了建筑生命的意义及律动的生命之美的形式，这也成为生命时代建筑的一个最基本的审美形态。如同生命所拥有的惊人的多样性，生命时代的建筑与机械时代的建筑的普遍性和均质性形成了鲜明的对比。因此，对于生命时代的建筑而言，生命意义差异化元素的多样性构成了建筑的审美内容。与工业时代的建筑相比，生命时代的建筑在审美意义上超越了审美的认知层面，而具有更深层的情感体验，这一审美体验来源于生命的力量，并蕴含了深层生态美学观念。

生命时代的建筑在审美上突破了现代主义建筑固定化的、层级分明的富有理性主义和激进主义色彩的思维逻辑，表达出了"块茎"的异质性、增殖性的逻辑。建筑与环境的主客体关系和界限变得模糊，与环境形成了一个异质元素相互交织的庞大网络系统，体现出生命时代建筑强大的生态意义。同时，建筑突破了现代主义建筑严谨的、清晰的、简洁的梁板柱结构关系与形式，突破了对功能美追求，表现出与环境异质元素相融合的生命有机体的、多义的"中间领域"的生态美形式特征。可以说，生命时代的建筑是对现代主义建筑等级秩序的突破和多元生命体生态美学意义的开启。

由Gensler设计的上海中心大厦（图3-54），是世界上最先进的可持续高层建筑之一，运用生态技术实现了与城市环境的差异化共生。建筑的双层玻璃幕墙及幕墙内部的风力发电机（图3-55），减少了建筑制冷和制暖的能源消耗。建筑内部空间与景观的结合形成了一个自组织更新的微生态环境，建筑包含9个内部景观的公共区域与城市环境相融合，如同一个具有生态功能的"块茎"，作用于整个城市，体现了与城市环境共生的生态之美。

生命时代的建筑作为一个由异质性元素组成的块茎体，在差异性要素与要素之间的中间领域中不断的生成新的审美意义，并表现出多元、开放的建筑形式。这种审美意义的生成是建筑要素脱离了原有的、固定的秩序基础上，在不确定的关系

图3-54　上海中心大厦及内部景观

图3-55　上海中心大厦幕墙内部风力发电机

中生成的审美形态，具有生态美学的意义。以伊朗的"气泡摩
天楼"（图3-56、图3-57）为例，气泡摩天楼是一个具有居住、
生态、海边灯塔等异质功能混合的建筑。整体建筑的形态是一
些海水气泡的软体自由落体组合。气泡通过装满水的外壳可以
控制建筑的内外温度。同时，每个小气泡还是一个小房子，它
们有规划地、成簇群地围绕在塔上。建筑通过气泡组织的生态

图3-56 "气泡摩天楼"建筑形态

图3-57 "气泡摩天楼"夜景观

功能与居住功能相互关联、互为融合，形成新的建筑形式，并实现了建筑异质元素之间生态美学意义的生成。

　　生命时代建筑的审美，正在经历着由功能向意义的转变，建筑功能已经成为其生命机体的一部分，而不再作为审美的主要内容。而在机体生成过程中，差异性元素的作用所带来的生态美学意义的生成，则成为生命时代建筑审美的主要内容。生命时代的建筑通过与环境之间差异元素的关联与开放，在不断地创生新的秩序和形式中生成了新的美学意义。

（三）联通式自组织更新的智能美

生命时代，生态环境保护和自然资源再生成为社会发展的焦点，建筑师们也深刻地意识到了建筑与自然生态的共生关系，开始运用复杂科学技术来解决建筑与资源的矛盾，创造出了符合生命原理的复杂的建筑形式。这些建筑在复杂科学的介入下表现出与环境、城市、文脉、人的行为等的极大连通性和互动性，建筑的形式和机能能够随着环境、人的行为的改变而进行自组织更新和可持续发展，进而能动、动态、高效地适应环境，表现出极大的环境适应性、生态性和智能性的特征。建筑与环境的联通式自组织更新使建筑随着环境的变化而呈现出不同的造型形态，改变了现代主义以来建筑静态的、秩序的功能美和技术美的表达，而转向对生命的智慧与智能美的诠释。智能美是生命时代的建筑作为生命有机体的形式，在适应环境的过程中，在功能、形式、空间中所表达出来的审美形式。

鹿特丹浮动办公室（图3-58），在通过生态技术缓解气候变化的过程中呈现了建筑自适应性的智能美。办公室停泊在马亚斯河上的瑞恩海文港，如果海平面因气候变化而上升，办公室将随之漂浮上升。该建筑由三层办公空间组成，用木材建造，可以通过木板路进入。建筑以一个巨大的悬挑坡屋顶为特色，屋顶一侧衬有太阳能电池板，作为能源来源，另一侧通过种植植被和使用瑞恩海文港的水来保持建筑物内的凉爽感受，建筑在能源利用上实现了真正的自给自足和最低的碳排放。建

图3-58　鹿特丹浮动办公室

筑的每层楼周围都设置了嵌入式阳台和斜屋顶，为办公室的大窗户提供遮阳。此外，办公室还设有公共餐厅，配有一个大型室外露台和游泳池，其位置与河流流向保持一致，最大化地适应了环境，并与环境资源进行连通式自组织更新，在建筑的形态和功能上都体现出了生命的智能美。

2012年，美国韩裔建筑师Doris Kim Sung，使用热双金属智能材料，设计了一幢以"盛开"命名的建筑（图3-59）。该建筑是一个仿生植物行为的智能交互架构装置。该构筑物的表皮就像人类的皮肤一样能够根据外界的光、热、风等变化产生反应，通过自动调节构筑物结构，实现遮蔽阳光和通风的目的。该装置外形上是一个20英尺高的露天亭子，表皮由智能金属材料制成，随着外界温度的变化不断变化自身的形态，这

图3-59 "盛开"建筑的智能表皮

就类似植物对太阳能的反应行为，体现了对环境极大的主动适应性和智能性。该装置在设计思想上体现了当代建筑生态适应性的观念，在形式上则体现了建筑与环境联通式自组织更新的智能美的表达。

联通式自组织更新的"中间领域"建筑美学思想体现了建筑适应生命原理与生态环境共生的生命智慧，它是建立在生态秩序基础上的美学思想的表达。建筑通过建立自身形态、结构、功能与自然、人类社会宏观、微观领域等的联通式的共生关系，形成了具有生命智慧的建筑形态和空间，诠释了"中间领域"建筑在空间、功能、形态上智慧美的形式表达。

三、"中间领域"建筑美学的审美特征解析

"中间领域"建筑美学思想诠释了建筑与生态系统多样异质元素协调共生的生态美学观念。"中间领域"的审美视阈将

建筑锚固在自然界与人类社会的宏观环境中，建筑在适应自然、社会、科学技术的基础上，动态衍生出与所在场域内的生态系统、社会环境等相融合的形式，打破了现代主义建筑的功能主义美学观念，表达了"中间领域"的生命美学意义。在审美特征上表现出开放的空间、仿生的功能和临时的形式等生态整体性特征。

（一）开放的空间

开放适应的空间形式是对"中间领域"建筑动态多元共生形式美特征的概括总结。生命时代，建筑以一种开放的形式重构自然，建构自身的形态与空间，表现出与生态环境开放适应的空间形式美。这表达了生命时代的建筑对现代主义建筑无视环境、静止的、孤立的特征的反叛。此时，建筑已从静态的独立机能体转变为动态的、自组织的、开放适应性的生命自治的有机体。在复杂科学的背景下，"中间领域"的建筑在向自然的有机融入和向人类社会开放适应的过程中，在空间、结构、功能、形态等方面都表现出了自律生成的开放适应性的审美取向。

米兰Unipol集团新总部是一个代表性的感官建筑（图3-60），该建筑从环境的角度出发，充分考虑与周边自然环境、气候和阳光照射条件等的适应性。该建筑具备像植物那样完善的感官系统，可根据环境改变其本身的构造特征，自行适应光照和湿度，其建筑表皮好似有序交织在一起的树枝，如同一个"传感器"，使其成为一个与外界持续交流互动的有机体，使建筑内部始终处于舒适的状态。中央大厅（图3-61）的接待区域是一个直达建筑物顶端的巨型通高室内庭院，这里充满光

图3-60　米兰Unipol集团新总部　　图3-61　米兰Unipol集团新总部
　　　　　　　　　　　　　　　　　　　　　　　　室内

线和植被，可见所有楼层，而且通过"烟囱效应"能够促进
室内空间的自然通风，在空间形式上表现出开放的、自适应
的形式之美。

　　生命时代建筑就是一个可以根据生态环境的变化灵活、
动态地调整自身的生态适应性系统。无论从宏观环境的适应性
还是微观自组织更新的适应性方面，生命时代的建筑都实现了
与自然生态和社会生态的动态多元共生，在这一过程中也随之
产生了新的美学思想，呈现出新的审美形式及特征。

　　（二）仿生的功能

　　生命时代，作为"中间领域"的建筑实现了从现代主义建
筑功能美的表现向生态意义美的呈现的转变。在这一过程中，
建筑师从自然界生态系统中的差异性元素汲取灵感，使建筑在
功能、结构、形态等方面呈现出仿生生命体的形式。自然界中

生命机体自组织生成的韵律及形式呈现在当代建筑中，创造了当代建筑有机的形态和仿生性的审美特征。

建筑师为解决建筑与生态之间的关系，借助参数化设计技术将自然界中有机、无机的物质形态及生长方式转换为建筑的创造方法，使建筑在形态上呈现出仿生性的审美特征。同时，建筑在造型形态上隐喻了生命的美学意涵。台北砳建筑（图3-62）是位于台北市的一个地标建筑。其形态是对建筑所在地域附近基隆河畔鹅卵石形态的仿生。建筑鹅卵石的"卵"状形态就像一个生命的开始，寓意了当地的复兴。

建筑的仿生性审美特征还表现为建筑对自然界的有机、无机物质的组织方式上的模仿。如壳结构、叶状结构、巢结构等建筑仿生形式，使建筑在形态和结构上呈现出仿生性的形式美特征，同时也生成了建筑的生态美学意义。如2020年迪拜世博会阿塞拜疆展馆（图3-63），该建筑从大自然中汲取灵感，建筑形态犹如一个正在萌芽的种子，仿生叶状屋顶，建筑内部采用自然通风、雨水收集技术，建筑的内部结构也如同经脉一

图3-62　台北砳建筑

样舒展有致（图3-64），整体建筑在实现生态功能的同时创造了建筑表皮复杂的肌理效果和空间结构，引发了参观者对自然生态平衡的思考。

仿生是生命时代的建筑突破了人类中心主义，与自然生态系统、社会生态系统的差异性元素和谐共生的基础上所表现出的审美特征，它是基于对自然界中生命原理和生命形式的借鉴而在建筑的结构、形态、功能等方面呈现出的形式美，同时也是对生态、生命意义的一种表达。当今复杂科学、生物技术及智能技术在建筑领域中的应用为建筑的仿生性审美特征

图3-63　阿塞拜疆展馆建筑形态

图3-64　阿塞拜疆展馆内部空间经脉结构

加入了科技的色彩，使其更加突出了建筑作为仿生生命体的机能性。

（三）临时的形式

当代建筑师为了解决建筑发展过程中与生态环境和自然资源之间的矛盾，在创造建筑时根据所在的自然和社会生态环境的限制，而采用临时建筑的设计手法，使建筑表现出游牧、流动、变化的建筑形式。由此，临时建筑也成为当代建筑审美的一个主要方面。这一建筑形式是当代建筑与自然生态、人类社会联通式自组织更新的"中间领域"生态美学观的一种表达，体现了非人类中心的生态观念和审美视角。建筑以流动、变化、临时的姿态融入特定的环境，也体现了对生态伦理的主张。尤其在当今科学技术、智能材料的支撑下，临时建筑能够根据环境的需求不断地进行自我调整与更新，与那些坚固的、静态的、宏大的建筑相比，在审美特征上更加凸显其临时性。另外，社会生态的变化、人口流动性的增强也催生了临时的建筑形式。伊东丰雄提出的短暂建筑就是基于当代日本城市背景快速变化，在社会意识形态层面提出的关于建筑形式的思考。由此衍生出伊东丰雄的玻璃幕墙的建筑设计风格，大面积玻璃的应用使建筑展现出一种短暂的、脆弱的、易变的外观，表达了临时性的审美特征。

美国的 HOPETEL 塔（图 3-65），在"帐篷城市"观念的影响下，基于对经济衰退、失业人数增加、房地产市场崩溃等社会生态问题的思考，通过建筑创作为无家可归者提供一个安全、稳定的生活环境和场地。该建筑的主体是一个钢结构的帐篷式的居住单元（图 3-66）。建筑的每一层都可以根据居住者的数量变化进行随时调整、组合并增加数量。建筑的内部通过共享设施的设置使整个空间保持了很好的联通性（图3-67）。建筑的透明表皮，使外界对内部空间的一切变为可视，向人们传达了关注弱势群体的理念。整体建筑在空间、结构、布局上都体现了对临时性的美学视角和生态观念的表达，同时也传达了对社会生态的关注与适应。生命时代的建筑以非人类中心为视角，表达了建筑与生态环境的适应性。尤其在复杂科学、智

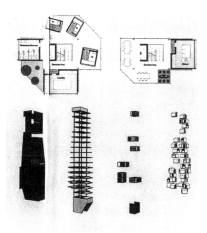

图3-65　HOPETEL塔建筑形态　　图3-66　HOPETEL塔结构及居住单元

图3-67　HOPETEL塔居住单元及内部空间

能化、生物工程化技术的支撑下，建筑不再仅仅是人类的"永久庇护所"，而成为自然生态和人类社会生态和谐发展的"中间领域"。

　　3D Housing05是2018年米兰设计周展示的100平方米的临时住宅项目（图3-68），该住宅建造于米兰中央广场，诠释了当今社会、经济、生态、生产力等的变化带来的住宅形式的变化。建筑的主体由3D打印完成，由35个模块组成，打印过程仅需48小时，可以自由拆卸组装。住宅由生活区、卧室区、厨房、浴室和平台屋顶组成，配有简洁实用的内部家具（图3-69），整体住宅是对临时性建筑形式和审美观念的一种表达。

图3-68　3D Housing05

图3-69　3D Housing05室内空间

"中间领域"建筑美学思想在德勒兹动态生成论的基础上演绎了当代建筑在适应自然和社会生态环境中所展现的适应生命原理，动态性、仿生性、临时性的审美特征。它是对工业社会现代主义建筑以二元论为主导的，静态、理性的审美思维和美学观念的反叛，以及对建筑、生态及人类社会关系的重新思考和美学意义的总结。"中间领域"建筑美学思想通过对人类中心主义的解辖域化，表达了建筑与自然生态和社会生态的开放性、联通性、多样性关联网络的美学意涵。

第四章

基于德勒兹哲学的
当代建筑美学新思维

后工业社会复杂科学技术的发展推翻了现代主义工具理性的思维模式，当代建筑从现代主义的大一统演变为结构主义、解构主义、新现代主义等异彩纷呈、多元化并存的格局。这在美学思维上颠覆了现代主义建筑总体性、线性、理性思维的束缚，也推动了当代建筑审美思维从二元论向多元化、差异化转变的历史性变革。在这一过程中，德勒兹哲学差异性、生成性、多元流变的思想以非确定性消解了西方理性哲学传统的确定性观念，表现出后人文主义非理性、非标准等的审美取向，为当代非线性、复杂性建筑的审美及审美意蕴解读提供了新视野，也为当代建筑美学新思维的形成提供了认识论依据和哲学上的佐证。

德勒兹从运动和时间的视角构建了影像与思维之间的平等性关系，诠释了一种影像信息的全新解读方式和非线性的时间观念，为光电子时代影像建筑的知觉体验及审美认知提供了运动与时间的叠合性思维，以及异质性、多样性的时空逻辑；德勒兹的"界域""褶子"等概念的平滑空间运行机制，为信息时代的建筑空间及形式的审美提供了一个新的视阈，诠释了建筑与空间环境流动的表达性思维；德勒兹关于感觉逻辑的探讨，构建了一个身体与内、外环境开放的关联图式，为数字技术背景下重新审美身体与建筑空间的关系提供了差异性思维的原点；德勒兹的"无意指断裂""解辖域化"等概念的非中心、无等级的运行机制，为生命时代的建筑审美提供了一个非静止的、动态的时空逻辑和非理性的思维方式。这些审美思维的转变使当代建筑完全摆脱了现代建筑的理性主义束缚，推动了当代建筑创作和当代建筑美学的非理性、多元化跨越。

第一节　运动与时间叠合性思维

当代建筑以前，空间是建筑表达的主体，时间内化于空间之中。而信息社会由于光电子媒介的介入，建筑不仅作为实体空间通过身体的运动被人们体验，还以远程在场的影像形式被人们感知。建筑影像将时间作为主要的参数介入空间信息的传递与表达，使得不同时空的影像信息跨越时空的障碍，形成建筑影像多维时空的共时性呈现。影像语言改变了建筑以往线性、单一的时空观，使其向更为复杂的、时空连续的多维时空观转变。而德勒兹关于时间与影像关系的阐述为建筑多维时空观的解读与审美提供了思维依据。德勒兹在柏格森绵延的时空观基础上，将时间彻底地从空间中解放出来，打破了"运动—影像"的线性叙事逻辑，并以"时间晶体"的晶体符号将过去、现在、未来融入了一个不可辨识的区域[1]，以柏格森虚拟与真实的双向循环为基础，在材料与记忆中绘制了现在与过去的无限循环[2]，构建了知觉全新体验的"时间—影像"逻辑，将时间和精神这一不可见的维度通过脱离线性叙事的、离

① 黄文达. 德勒兹的电影思想[J]. 华东师范大学学报（哲学社会科学版），2010（5）：19.

② Anna Powell. Deleuze，Altered States and Film[M]. Edinburgh：Edinburgh University Press，2007：148.

散的、跳跃的纯视听情境，建立了时间与精神及思维层面的联系，为当代以影像为媒介的建筑空间阅读与审美提供了运动与时间的叠合性思维模式，具体表现为闪回时空、超序时空及时空叠印的建筑时空审美思维逻辑。

一、闪回时空的审美逻辑

闪回是电影中通过闪现的影像片段作用于人的感知，建立从现在到过去，再把我们带回到现在的封闭循环的一种影像表现和处理手法①，它是德勒兹"回忆—影像"的审美思维逻辑的一种表现形式。闪回的时空循环逻辑突破了通过影像切片的运动被人们感知的线性叙事模式，转而通过线性叙事逻辑的断裂、分叉，形成了无限循环多样性的时空网络。这些闪回的影像在建筑空间中就如同电影中的动像，通过空间中色彩、光线、运动等作用构建了一种复合型的影像，把我们从日常生活中司空见惯的有序世界中释放出来，提供了超越人作为审美主体的一种感知方式和思维模式。以里伯斯金设计的柏林犹太人博物馆为例，博物馆整体的锯齿形态（图4-1）就如同一道闪电撕破夜空，给人留下战争的影像。建筑表皮上如同伤疤的窗户造型和由此透射到室内昏暗的光线，以及具有压迫感的狭长通道空间组成了电影般的动像，使观者从单一视点的有序世界中抽离出来，这些来自异质时间或思维的影像建立了观者时间与精神层面的关联、记忆与时间的绵延②，也使观者的精神世

① [法]吉尔·德勒兹. 时间——影像[M]. 谢强，蔡若明，马月，译. 长沙：湖南美术出版社，2004：74.

② 应雄. 德勒兹《电影2》读解：时间影像与结晶[J]. 电影艺术，2010（6）：118.

图4-1　柏林犹太人博物馆

界得以在建筑中延伸。建筑中闪回的空间影像通过建立现在与过去的时间关联，在人们的心理层面实现了时间与空间体验的情感增殖。这种建筑空间中从"现在—过去—情感增殖的现在"的影像回环中建立了时空叠合的空间审美思维逻辑。隈研吾设计事务所在慕尼黑郊外森林中设计的WOOD/PILE冥想小屋（图4-2）在建筑空间中运用天气影像的闪回变化，阳光透过森林枝叶间的缝隙，透过天窗洒入室内，森林不同时节、时间的光影变化，与建筑室内空间形成不同时间光影变幻的影像，使人们在闪回的影像回环中体验到不同时层的时空变化，引发了丰富的时空体验和情感的增殖。

图4-2 WOOD/PILE冥想小屋的闪回影像

二、超序时空的审美逻辑

　　影像建筑时空中不同时间节点的相异影像片段带来人们感知与记忆回环的断裂，此时产生的对建筑的知觉与审美就体现了一种建筑的超序时空的审美思维逻辑，它是建筑空间中无数跳闪的相异时空的片段作用于人的感知体验的结果。它是德勒兹"梦幻—影像"审美思维逻辑的一种表现形式，体现为复杂连续和时空断裂两种超序时空的影像逻辑。建筑中复杂连续的影像逻辑是在破碎的、层叠的、模糊的、混沌的超级影像循环中生成了对建筑的审美认知，并通过空间中的影像作用于时间的一系列隐喻变形，在思维意识中创造了空间审美的流动与生成。非线性建筑空间多表现为这种超序空间的审美表达。非线性数字技术使当代建筑呈现出复杂、流动、超序的空间形态，空间中不同时空错列的、交叉的、虚幻的影像引发了意识和思维层面对空间的再创造，赋予了非线性建筑空间审美体验的生成性与不确定性。扎哈·哈迪德的大量非线性建筑作品，如中国香港顶山俱乐部设计方案，以非理性的建筑形式表达了时空交错的超序的建筑时空（图4-3）；维特拉消防站（图4-4）在研究建筑与周围环境的基础上，提炼了线性结构的空间造型，呈现出长轴方向的流动感。各区域形体通过解构与重构在空间的交叉与渗透中，形成了空间瞬间动感的凝结，表达了消防的运动与速度[①]。同时也带给人们时空交错的、连续的、模糊的审美感受。

图4-3　中国香港顶山俱乐部

图4-4　维特拉消防站

① 刘松茯，李静薇.扎哈·哈迪德[M].北京：中国建筑工业出版社，2008：324.

建筑时空断裂的影像逻辑是在断裂的、分割的、脱节的相同或相异时空影像的循环中，由于人们对回忆影像的识别失败而生成的对建筑时空影像梦幻的、抽象的审美认知与体验。意大利乔弗马工作室在沙特阿拉伯艾尔尤拉地区建成的镜面音乐厅（图4-5）带给人们的就是这种基于抽象的、梦幻般超序时空的审美体验。镜面覆盖了整座音乐厅，将该地区的自然景观和历史遗产映射在观者的面前，引起了人们在意识层面的自由想象，使人们进入一个梦幻般的时空之中。音乐厅场馆两侧也布满镜子，结合音频、照明和数字投影技术，生动地烘托出该地区的历史文化氛围，在观者的意识层面模糊了建筑内外空间的界限，将人们带入了梦幻空间影像的审美情境中。

图4-5　沙特阿拉伯镜面音乐厅

三、时空叠印的审美逻辑

在时空叠印的建筑空间审美中，建筑就如同一个"晶体"，时间在空间中被彻底地解放出来。时空叠印的审美思维是德勒兹"晶体—影像"逻辑的一种表现形式，德勒兹用晶体的不同切面代表现在、过去、未来的不可辨识区域的无限生成及不同时区、时层的共时性共存，这是将时间显形的过程。晶体的影像突破了行进之中的空间体验和相异时空片段的流动与生成。此时，空间成为由各个时层的分体运动在建筑中穿梭构成的非时序的建筑空间，影像与时间共同叠合于人们对空间的体验，并在人的思维意识层面进入了一个不可辨识的区域，形成了建筑空间中不同时空影像的叠印。这一过程作用于人的记忆与感知，衍生出人们在思维层面对晶体般的多样性建筑空间的审美体验。时空叠印的建筑空间审美主要包括两个层面，即时间与空间在建筑中的叠印，以及不同时间维度空间的彼此叠印。

时间与空间在建筑中的叠印就是时间空间化、时间脱离了线性的行进过程，在不断的分叉过程中与空间影像相互渗透，在人们的心理意识层面形成对建筑空间中多维度时空的审美体验过程。这种审美感受是建立在物理空间之上的心理空间与多维度时间的叠印。我们从当代的许多建筑作品中都能体会到对这种时空叠印的审美。哈迪德的伦敦千年穹思维区（图4-6），通过影像的链接创造了一个影像流动的展览装置，使参观者能够同时观看到已经参观过的、当下的和即将要参观的作品，赋予空间一种晶体般的共时性的折射力，将人们带入

第四章　基于德勒兹哲学的当代建筑美学新思维

图4-6　伦敦千年穹思维区

了时空叠印的审美情境。当代的许多建筑作品通过影像折射的方式将不同时期的建筑共时性地呈现在一个时空层面中，创造了时空渗透、叠印的审美意境（图4-7）。由世界著名装置艺术家"后物派"代表人物宫岛达男设计的时间之花艺术馆（图4-8）将时间与记忆融入老屋，实现了时间空间化的作品表达与呈现。该艺术馆坐落于山东省淄博市的龙子欲村，是宫岛达男与当地的大学生和村民共同打造的一个装置艺术馆，艺术馆入口的狭长通道通过空间的压迫感设计，给人以时间急促的心理感受。艺术馆内镶嵌在棚顶的LED灯装置由村民亲手设置时间，代表了每一位村民对时间的理解，时间数字从9到1循环闪烁，代表了艺术家和村民对生命生生不息的诠释，

图4-7　时空叠印的影像　　　　图4-8　时间之花艺术馆

即"一切不断在变化,一切都在不断地和新事物发生联系,一切将永远进行下去。"这个艺术馆通过时间空间化的情感表达,加强了城市与乡村的互动,增进了年轻人与老一辈的交流,升华了时空的审美维度。

差异时空叠印的审美是对空间时间化的审美解读。它是对多重空间序列渗透在一个时间层面影像的审美体验。墨菲西斯事务所在韩国设计的可隆独一大厦的内部空间(图4-9)包含一个40m高、100m长的中庭,内衬400块8m长的可隆织物面板,以及一个宏伟的楼体,在视觉上创造了一个没有遮蔽的共时性的内部空间,带给人们不同维度、不同序列空间的共时性审美体验。让·努维尔的拉斐特百货公司内部空间的玻璃采光井(图4-10),将商场各层的影像共时性地投射在采光井的弯曲表面上,体现了一种建筑空间中非时序共时性的审美体验和时空叠印的审美表达。

图4-9 可隆独一大厦内部空间

图4-10 拉斐特百货公司采光井

第二节　空间流动的表达性思维

　　现代主义建筑以理性主义至上的纯净美学为主导，表现为空间的数理性、几何性的秩序特征。然而，当代复杂科学的发展对现代主义建筑的欧氏空间观念及理性主义思维提出了新的挑战。当代先锋建筑师开始了复杂建筑形态、空间的表现及探索。如果说现代主义建筑追求的是数理性的逻辑建构，对于建筑而言，复杂空间的表达性思维及空间的流动性表现的是其发展的内在逻辑。蓝天组的沃尔夫·普瑞克斯把建筑当成一种表情性的艺术，认为建筑师的设计应该充分揭示和表达世界的多样性和复杂性[①]。屈米认为空间对于建筑不仅是简单的几何元素，而是与使用功能、主体行为及不断的状态变化联系着的，是它们之间的关系表达。[②] 盖里、哈迪德、埃森曼、林恩等的建筑实践也都表现出建筑空间的动态性和流动性特征。而德勒兹关于平滑空间概念的创造及空间问题的探讨，渗透到建筑领域，被先锋建筑师应用于建筑创作，推动了建筑空间形式的发展，使建筑空间从解构主义的矛盾冲突转变为平滑空间的流动性表达，为建筑空间的审美提供了表达性思维的视角。德勒兹表述的平滑空间是一个矢量的场，一个非度量性的多元体，通过操作平滑空间上的任意的点，可以叠放并重复一个相

① Wolf Prix. On the Edge. Andreas Papadakis，Geoffrey Broadbent & Maggie Toy（Editor）. Free Spirit in Architecture[M]. New York：St. Martin's Press，1922：23.

② 大师系列丛书编辑部. 伯纳德·屈米的作品与思想[M]. 北京：中国电力出版社，2005：90.

切的欧氏空间，使整体空间具有充足的维数①。平滑空间始终处于流动的状态，它是开放的、不被限定的、无等级的、无中心的平滑的场，它通过"褶子"及逃逸线的作用与环境进行结域与解域，实现与环境的增殖，生成一个新的具有表达性的多元、异质元素构成的"界域"。平滑空间的这种运行机制、特征与封闭的、静态的欧氏几何的层化空间形成鲜明对比，为复杂建筑非线性空间及空间流动性的表达提供了哲学思维的方向。"界域"的内外空间及空间中的异质元素在与环境的相互作用中所形成的空间形态、空间运作模式，为审美当代建筑空间与环境的关系提供了地形拟态表达、地势流变态表达、"界域"情态表达的审美思维模式。

一、地形拟态表达的审美思维模式

地形拟态表达是从基地环境的视角来审美建筑的一种思维模式。其形式表现为建筑与基地环境结域过程中，在形态上呈现的与基地地形、地貌的渗透与融合。其空间形态表现为连续折叠起伏的褶皱形态顺应地形运动过程中的瞬间定格取形。建筑这种与基地环境结域与融合的过程，打破了以往建筑作为封闭的空间与环境相分隔的空间观念。在审美的过程中，弱化了建筑在空间中的主导地位，建筑在向外部环境开放过程中形成了空间形态上审美语汇的表达。建筑这种向基地环境延伸与渗透的表达方式，产生了建筑与基地环境界面模糊的地形拟态

---

① [法]吉尔·德勒兹. 资本主义与精神分裂（卷2）：千高原[M]. 姜宇辉，译. 上海：上海书店出版社，2010：536.

的平滑空间形式，使建筑成为内外空间能量相互转换的生命体，其中蕴含了生命全息论与活力论的美学思维。

　　哈迪德设计的阿布扎比表演艺术中心（图4-11）通过对海浪节奏的表达及海洋生物有机体的模仿，创造了一个开放、流动的平滑空间，表达了整体建筑与周围空间地理环境之间的渗透与融合，建筑成为其所在环境的延续，与环境之间形成了一个表达性的"界域"，在建筑形态上体现了建筑与环境结域的地形拟态表达。福斯特建筑事务所在法国设计的勒·多梅酒庄（图4-12）的建筑形态也体现了对地形拟态表达的审美思维。建筑整体造型为山形形态，模仿了葡萄园山丘的缓坡，建筑外部

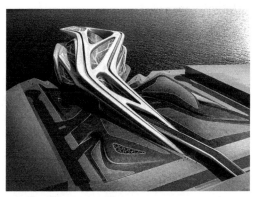

图4-11　阿布扎比表演艺术中心

图4-12　勒·多梅酒庄的地形拟态表达

结构由夯土墙、混凝土和玻璃组成，顶部是由赤陶土瓦制成的圆顶屋顶形态，整体建筑与法国历史悠久的圣埃米利昂公社的起伏山丘融为一体。建筑表皮结合全景玻璃，使内外空间视野最大化地融入环境。表现了其与所在地形连续起伏的空间节奏的融合。建筑对所在基地物质与非物质环境的拟态表达体现了从空间环境的宏观视角对流动性的"界域"空间的审美逻辑。

二、地势流变态表达的审美思维模式

地势的流变态表达是从城市环境的视角来审美建筑的一种思维模式，它表达了建筑在与环境的解域过程中，通过人流、物流、信息流等异质元素所组成的逃逸线的流动与运作，由此建筑向整个城市环境开放。这一思维模式是建筑的内外空间在向城市环境的延伸过程中所蕴含的一种审美思维的逻辑。逃逸线的运作使地势流变态的建筑空间比地形拟态的建筑更加具有开放性与流动性，其建筑形式是建筑空间中各异质元素及其信息与环境进行能量交换的物态表达。这些异质元素具有物质与非物质的属性，各个异质元素通过不断地分解，并与环境进行信息交换，形成新的个体和结构组织，从而产生新的建筑形式。这就如同"游牧"艺术从不事先准备质料使其随时接受某种强制性的形式，而是用众多相关的特性构成内容的形式，构成表达的质料。地势流变态的建筑形态随着地势的起伏与流变，为我们展现了一个异质事物之间关系的认识论和审美论图式。

埃森曼、哈迪德等建筑师的众多建筑作品都体现了建筑融入城市肌理的地势流变态表达的审美思维逻辑。以埃森曼

图4-13　阿朗诺夫设计及艺术中心

阿朗诺夫设计及艺术中心为例（图4-13），该建筑在设计语汇上采用基地土地形式和标志现存建筑形式的曲线[①]。这两种形式的动态关系构成了建筑与环境信息之间的逃逸线，同时也自然生成了建筑随地势流变的空间形态，传达给我们一种韵律流动的节奏之美。埃森曼的那不勒斯高速铁路TAV火车站（图4-14）在造型形态上流畅的筒形结构，顺应地势的起伏变化，与维苏威火山产生视觉上的关联，同时也表达了高速火车的时速特征，带给人们液体般的流动感受的同时，也加强了建筑地势流变的时空流动性意象，体现了地势流变态的建筑形态审美语境。哈迪德的罗马当代艺术中心（图4-15）的主体建筑形态呈交织的管状物形状，它的组织结构与基地原有的结构肌理和城市历史文脉相融合，向人们展示了流动的建筑内外空间，将人们带入一种跟随地势起伏变化的流变态的建筑空间审美语境。

---

① 汪原. 边缘空间——当代建筑学与哲学话语[M]. 北京：中国建筑工业出版社，2010：93.

图4-14　那不勒斯高速铁路TAV火车站地势流变态的建筑意象

图4-15　罗马当代艺术中心流动的建筑形态

三、"界域"情态表达的审美思维模式

"界域"的情态表达是从"界域"的视角来审美建筑的一种思维模式。"界域"是一种具有表达性和标志性的空间环境，是一个能为人们提供情感体验的空间场所。界域化的建筑是建筑指向环境，与环境结域和解域过程中生出的一种节奏。这种节奏构成了建筑"界域"强度变化的迭奏曲，并赋予建筑情感与感知的力量，使建筑随着与环境结域、解域关系的演化，不断激发建筑内外空间新的内容和意义[①]。这种节奏也标注出了建筑物质主体与非物质信息在与环境互通、相互协调的过程中

---

① 潘于旭. 断裂的时间与"异质性"的存在——德勒兹《差异与重复》的文本解读[M]. 杭州：浙江大学出版社，2007：69.

所表达的与环境强度关联的程度^①，这种强度的关联及变化反过来又加强了建筑"界域"的情态表达和情感体验。作为"界域"的建筑将建筑内外空间物质、非物质元素和信息向环境、空间、场所开放。此时，建筑不再是独立的空间围合个体，而是与环境互为生成、转换与表达的生命体，正是在建筑和环境的这种互为生成与转化的关系中，构筑了我们对建筑"界域"情态表达的审美体验。

当代建筑以科学技术为支撑，通过与所在环境异质元素的叠加、连接、间隔等锚固于整体的城市环境之中，表述了建筑作为"界域"空间与城市文脉、历史等物质、非物质环境的强度关联。建筑成为一个能够带给人们自然与社会双重情感体验的容贯性多元复合体。这种情感体验又反作用于建筑"界域"空间中的异质元素，使它们之间的关联强度、容贯性、稳定性增强，建筑作为"界域"的表达性也随之增强，由此更加激发和升华了感知主体的情感体验。

哈迪德设计的长沙梅溪湖国际文化艺术中心，以芙蓉花瓣落入梅溪湖激起的涟漪形态与整个城市文脉以及空间肌理融为一体（图4-16）。蕴含了建筑融合地理环境后对地域文化情态表达的思维逻辑，同时建筑与环境的关系也为人们提供了一个感受和体验城市文化脉络的空间场所。马岩松带领他的事务所设计的衢州体育公园（图4-17）与自然地景、城市的山水历史相结合，在城市中心营造了形似火山群、镜湖的，空灵静谧的超现实大地艺术景观，为人们提供了一个对生态、历史、文

---

① 刘杨. 基于德勒兹哲学的当代建筑创作思想[M]. 北京：中国建筑工业出版社，2020：130-131.

图4-16　长沙梅溪湖国际文化艺术中心

图4-17　衢州体育公园的表达性建筑建筑形态

脉等非物质环境感知体验的精神家园，体现了情态在建筑"界域"空间的表达性逻辑。公园四周由高崇密集的林木环绕，人们由喧嚣的城市进入其中，渐入无人之地，神秘且虚幻。公园整体环境绵延起伏，伴随着山峦地形，重叠层接、连续流动。园中的一汪镜湖，映着天空中的山峦，营造了无人可触及的精神之境。公园中的建筑打破了传统体育场凸显的结构形体，与自然相接，表达了一种更为内在、含蓄的"界域"情态，为人们创造了沉浸于自然的精神和意境。

　　当代建筑空间流动的表达性思维是在信息社会复杂科学

技术背景下，建筑向城市自然环境、社会、历史、文脉等渗透和延伸的过程中，建筑空间情状的容贯性强度表达，以及带给感知主体情感体验的思维逻辑和思维过程的体现。此时，建筑作为城市整体肌理、景观结构的融入者，营造了"界域"建筑非限定的情态空间，表达了信息社会建筑对人们高技术、高情感需求的满足，建筑通过与城市环境的动态融合为人们提供了丰富的事件场所和情感升华体验的空间。

第三节　感觉逻辑的差异性思维

现代主义美学主张非此即彼的线性逻辑，并执着于简单明了的确定性和秩序性的思维定式，严重阻碍了建筑师的创造力，并使人们对建筑的审美与解读陷入决定论和机械论的思维范式中①。复杂科学的发展打破了人们对世界静态的、永恒性的认识范式。偶然性、暂时性、复杂性的科学世界观进入建筑领域，使当代建筑师从固有的思维范式中解放出来，开始关注人们的综合体验与建筑形式生成的关联。德勒兹"无器官的身体"概念的提出及其关于感觉逻辑的解析，打破了事物和感觉之间封闭的、同一性的关联，体现出对人类思维的惯性和确定性的挑战，以及对非理性的呼唤，更加激发了当代建筑师对建筑创作差异性、非理性思维的探索。同时也为审美当代建筑本能、直觉、自生成的特征提供了差异性思维的哲学依据。德勒兹的"无器官的身体"是其感觉理论的核心概念。"无器官的

① 万书元.当代西方建筑美学[M].南京：东南大学出版社，2001：207.

身体"突破了器官及构成器官有机体组织的界限，突破了层化的、等级性、支配性组织的束缚，形成了容贯性的平面。它就如同是一个卵，具有机体组织形成之前的原初力量，是一种纯粹强度的介质，是一切生命、欲望与力量的本原强度。此时，身体就如同一个从内向外连续运动的整体，形成自身内部环境与外部环境的开放关联。① 正如普鲁斯特所说，那是一种非物质的、失去肉体的身体的拉扯，其结果是规避"与精神相忤逆的、惰性的物质的一丝残骸"。② 通过挖掘隐匿于身体背后的最原初的力量，可以使感觉回归到去层化的野性状态，组成欲望的内在性场域，同时也激发了人体探知世界的欲望与力量。这种力量作用于人生存的空间及环境，将对空间形式及人与环境交流的方式、事件与媒介起到丰富、拓展的作用。这一去层化的身体及其内在的感觉逻辑，为审美当代建筑的空间与形式提供了感觉震颤、事件生成和媒介延伸等的差异性审美感知模式。

一、感觉震颤的审美感知模式

感觉的震颤是以德勒兹"无器官的身体"概念为基础，审美感知身体、感觉与建筑空间之间关系的模式。它是建筑空间中的色彩、光线、声音、气味、运动等多元异质元素作用于无器官的身体之后，在身体开放、混沌的各层次之间形成的感觉

---

① Alicia Imperiale. Smooth Bodies[J]. Journal of Architectural Education，2013：27.

② [法]吉尔·德勒兹. 弗兰西斯·培根：感觉的逻辑[M]. 董强，译. 桂林：广西师范大学出版社，2007：57.

的震颤和感觉差异的非物质结果。这也是德勒兹差异哲学的核心体现，即在一个概念中，总是具有差异的内容和不同的表现形式，建筑空间中这些声、光、色等元素作用于身体并突破身体功能性的、束缚的组织，构成了容贯性的感觉逻辑并反作用于建筑空间，增强了我们对建筑空间力量的审美感知与理解，形成了人在建筑空间中的多元审美感知与体验，同时也生成了多元化的建筑形式。基于"无器官的身体"的感觉震颤，感觉的每一个层次、每一个领域都有与其他层次和领域相关联的手段，在审美客体的一种色彩、一种味道、一种触觉、一种气味、一种声音、一种重量之间，实现了一种审美意义上的交流，从而构成了感觉震颤的情感时刻。

在当代的许多建筑作品的创作中，建筑师在视觉上塑造了建筑多感觉的形象，让人们在建筑中看到了感觉的某种原始统一性。建筑呼唤了人们感觉中溢出的一种情感，并穿越了感觉的各个领域，进而迸射出一种生命的力量。这一力量就是一种节奏，比所有的感觉层次和领域都更为深层，它是非理性的、非智力性的，它带着人们进入了一种关于建筑空间的全新的审美情境，在这一审美过程中来自不同层次、领域、范畴的审美感受通过感觉的震颤得以互为渗透、互为延续、互为生成。

2004年美国旧金山的"墓地之光"项目（图4-18）① 是美国唯一一座官方的艾滋病纪念园，建筑空间中大量的关于艾滋病主题的投影图片在光线的映衬下激发了游客的某种情感的震颤，将游客的情绪变化与空间审美感知融为一体，使人们在

---

① 美国亚洲艺术与设计协作联盟. 信息生物建筑[M]. 武汉：华中科技大学出版社，2008：140.

纪念园里追忆、抚平过去的伤痛并憧憬未来。2015年米兰世博会英国馆模拟"蜂巢"的巨大圆球形装置（图4-19）让众多人印象深刻，就是因为它密集的钢格栅结构激发了人们视觉向触觉的渗透与生成。"蜂巢"的中心是一个椭圆形的空间（图4-20），游客可以在内部感受到蜂巢的模拟实景，密集的结构在LED灯源的映衬下更加呼唤了人们感觉的情感力量。荷兰大都会建筑事务所（OMA）在印度尼西亚巴厘岛设计了一个名为"土豆头

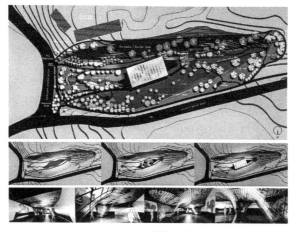

图4-18 墓地之光

图4-19 2015年世博会英
国馆"蜂巢"装置

图4-20 2015年世博会英国馆"蜂巢"
内部空间

图4-21 "土豆头工作室"建筑表皮及天花板纹理

工作室"（Potato Head Studios）的豪华度假胜地（图4-21），该建筑的表皮是由手工制作的混凝土墙构成，其顶棚采用了编织的可回收塑料。墙壁的纹理和每块顶棚的独特性代表了一个尊重巴厘岛工艺美术传统和环境的建筑过程，同时也使建筑突破了视觉与触觉的界限，通过感觉的震颤而更富有触感。

二、事件生成的审美感知模式

从身体感觉的内在性逻辑来思考人与建筑空间环境的关系，建立二者关联，就是建筑空间中穿越身体不同层次并无限生成的非物质事件①。事件的根本属性是生成，本质意义是它不断唤起、重织、拓展、交叉不同的时间层次与维度的生成运动过程②。这一过程作用于身体感觉的不同层次，形成身体的感觉和体验，并构成了"感觉的逻辑"，这一逻辑是身体、事件与时间在空间中无限循环的生成运动。因此，事件的生成是以身体综合的内在性逻辑来审美空间的思维模式。事件在建筑

① [法]吉尔·德勒兹.哲学的客体[M].陈永国，尹晶，译.北京：北京大学出版社，2010：218.

② 姜宇辉.德勒兹身体美学研究[M].上海：华东师范大学出版社，2007：132.

空间中作用于身体的无限生成运动，也使建筑空间功能和形式的对应关系向更为开放、多元和差异性转变。正如屈米所说，建筑不仅是功能和形态，只有在建筑的周围和内部唤起事件和计划才可称之为建筑[①]。此时，建筑空间中的事件作用于身体层次的运动，带来的感觉意象必将引发人们新的审美经验。

屈米为美国哥伦比亚大学设计的Lerner Hall学生中心（图4-22）[②]，在原有校园规划肌理上放置了由玻璃、钢建造的坡道，形成了一个具有大厅、礼堂、剧院等公共空间功能的"夹缝"空间，并且这一空间基本上靠学生和参观者的活动及发生的事件来界定，这就使空间的形式随事件的生成具有无限的可能性及差异性，同时也激发了参观者不同的审美体验。屈米的拉维莱特科技公园（图4-23）也是从"事件"的视角来解读和审美整个公园空间的一个典型的代表。屈米受具象叙事大

图4-22　Lerner Hall学生中心

① [法]吉尔·德勒兹.资本主义与精神分裂（卷2）：千高原[M].姜宇辉，译.上海：上海书店出版社，2010.
② 大师系列丛书编辑部.伯纳德·屈米的作品与思想[M].北京：中国电力出版社，2005：90.

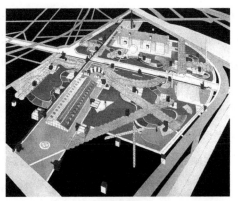

（a）轴测图

（b）红色构筑物

图4-23　拉维莱特科技公园

师雅克·莫偌利"谋杀"作品中场景的启示，将"事件"投影到
整个公园的框架之中，重新组合、构思①。屈米在公园的整体
网格脉络中布置了被称为"疯狂的小东西"的10m×10m大小
的红色立方体构筑物，与公园的交通脉络组成了鲜明的公园网
格组织结构。这些构筑物涵盖了茶室、景观塔、儿童游乐室、
问讯处等多种功能，激发了人们在与环境交流和游戏的过程中

① 陆邵明. 当代建筑叙事学的本体建构——叙事视野下的空间特征、方法及其
对创新教育的启示[J]. 建筑学报，2010（4）：20.

生成各类事件的无限可能性。拉维莱特公园颠覆了人们对传统公园空间固有的认知方式，为人们提供了一个充满惊喜的自由活动的表面，人们在与公园的互动中以不同的方式体验建筑空间中发生的事件，并得出不同的审美体验。屈米认为"建筑的本质不是形的构成，也不是功能，建筑的本质是事件。①"在事件的生成中，建筑的空间意义在人们的身体感受和精神体验中得到无限的延伸。

三、媒介延伸的审美感知模式

数字媒介的诞生和信息革命的到来，改变了感觉与媒介的关系。麦克卢汉认为，任何媒介都是人的感官的一种延伸，然而数字媒介的拓展，又导致人身体内在的感觉逻辑的变化②。表现在当代建筑中，数字媒介的应用激发了建筑空间环境中身体感官对机体组织限制的突破。身体不同感官之间关系的变化又带来身体感觉新的组织结构的生成，这一过程丰富、拓展了身体、感觉与时空之间的关系。例如，数字媒介的应用改变了视觉与触觉的关系，数字媒介最大限度地表现了手对眼睛的从属：视觉变得内在化了，手被简化到手指的部分。手越是这样处于从属地位，眼睛就越发展起一种"理想的"视觉空间③，在这样

---

① 丁晨.德勒兹《时间—影像》对空间设计的启示研究[D].南京艺术学院，2020：25.

② 车冉，王绍森.环境叙事下的游牧空间在建筑创作中的演绎——以宁波宁亿生活美学馆概念设计为例[J].当代建筑，2021（5）：146.

③ [法]吉尔·德勒兹.弗兰西斯·培根：感觉的逻辑[M].董强，译.桂林：广西师范大学出版社，2007：156.

的感觉关系中，人们对空间的审美也变得更加诉诸感觉震颤的原始力量。NOX事务所的创始人、荷兰建筑师拉斯·斯普布洛伊克认为："我们正在体验一种语言世界、性别世界以及肉体世界的极端液态化……（我们已经进入）一种状态，一种所有事物都变得媒介化的状态，一种所有物体和空间都与他们在媒体中的表象相互融合的状态，一种所有形态都与信息相互混合的状态。[1]" 数字媒介就如同感觉与建筑空间相互作用、相互塑造的一个中介空间，在其中新的感觉体验和空间形式不断地被创造。因此，媒介的拓展不仅带来感觉与空间新的关联强度，同时也拓展了人们的审美经验。

2007年墨西哥城的生态都市信息图像中心项目（图4-24）[2]，

图4-24 墨西哥城的生态都市信息图像中心

基于德勒兹哲学的当代建筑美学

① 虞刚. 软建筑[J]. 建筑师，2005（12）：25.
② 美国亚洲艺术与设计协作联盟. 全息建筑生态学[M]. 武汉：华中科技大学出版社，2008：130.

运用信息图像数据将墨西哥城包括文化、历史、当代规划、地铁规划等以电子磁带的方式展开并展示在建筑室内外立面上，大厦承载信息的使命清晰地传递给市民，市民以图像这一视觉媒介触摸到了墨西哥城市过去与未来的信息，感受到了丰富的审美体验，同时也体现了信息媒介对人感官的一种延伸。数字媒介交互技术与建筑的结合，在建筑空间中实现了身体感知与信息媒介的积极的互动关系，也使建筑突破了笛卡尔坐标体系，表现出柔性化的形态和建筑空间信息交互性的拓展，改变了人们在空间中的知觉体验。位于荷兰西南部一个岛上的freshH$_2$O EXPO展览馆是斯普布洛伊克第一个"软建筑"的建成项目（图4-25），创造了人们在其空间中的超越机体组织的身体感受，向人们展示了建筑空间激发身体感觉震颤的精神兴奋感和愉悦感。展览馆的内部空间装有与声控系统相连的定位感应器，它可以捕捉到来访者的运动变化，并使隆起的地面周

图4-25　H$_2$O EXPO 展览馆流动的建筑形态及空间

围的灯光和声音也随着来访者运动的节奏变化而发生相应的变化。这套传感器就如同展览馆的一个神经系统，与参观者的行为产生互动并做出相应的反应。通过数字技术和程序的控制，展览馆在形态上如同一个钢制的蠕虫，可以不断地发生变化，展馆内部空间的地板、墙面、顶棚之间没有明显的边界限制，为参观者创造了一个流动的、不确定的空间环境，在这样的空间之中参观者必须依靠自身的触觉本能保持平衡，参观者触觉引发的身体运动又重新塑造了展览馆的空间形态。参观者的身体感知与建筑形态在数字媒介的作用下互相延伸、互为生成，形成了身体与空间容贯性的强度关联，同时参观者的身体在展览馆空间中运动的愉悦感也被激发出来。

第四节　动态生成的非理性思维

随着社会发展和科学技术的变迁，由现代理性和现代科技培育出的现代主义建筑的理性美学已经遭到建筑界的普遍抵制。哲学界对理性的问难，对非理性的呼唤更加推动了当代建筑的非理性美学思维的转向。在这一过程中，德勒兹生成论美学中"块茎"生成过程无意指断裂的空间操作模式为当代非线性建筑的生成过程的解读和审美提供了非线性的思维逻辑；德勒兹流变思维中的"解辖域化"概念的平滑空间的生成方式打破了空间中异质元素的界限，使其成为一个平滑生成的整体，为我们解读和审美当代建筑界面消隐的空间形式，以及建筑与所在环境的对话提供了动态生成的非理性思维上的指引；德勒兹"游牧"概念下的空间运动和生成，为当代建筑空间、场所和"界域"的审美解读提供了多元生成的思维逻辑。建筑创作的变革，从来都是以审美思维的变革为先导的。没有对建筑的审美思维惯性的超越，就不可能实现建筑创作的美学超越。而德勒兹哲学美学的差异性、生成性、流变性的思维模式为当代建筑现代主义理性美学的反叛，以及非理性思维的审美超越提供了思维的方向。

一、无意指断裂的非线性思维逻辑

"无意指断裂"是德勒兹生成论中描述"块茎"的增殖和变化过程的一个原则，即"块茎"的增殖遵循无意指断裂的原则。它与有意指断裂不同，一个"块茎"可以在其任意部分之中被瓦解、中断，但它还会沿着自身的某一条线或其他的线而重新开始①。这些线（逃逸线）不停地相互联结形成新的关系，组合成新的"块茎"。这一过程否定了现代理性的二元论和二分法，为我们勾画了后结构主义思维的非线性审美逻辑，同时也为我们揭示了事物存在的自然本真的状态。当代建筑在复杂科学和当代哲学的影响下，其造型和空间形态趋于复杂，其空间内部总是释放出逃逸线，使建筑的层化空间逐渐被瓦解，当代建筑创作思维及审美思维的逻辑也在向非线性和非理性转化，表现出模糊、变化、本能、直觉、无意识等特征。从非线性建筑的复杂空间和形态中，我们可以看出这种非线性的思维逻辑。以哈迪德的建筑语言为例，复杂、冲突、断裂、不确

① [法]吉尔·德勒兹.资本主义与精神分裂（卷2）：千高原[M].姜宇辉，译.上海：上海书店出版社，2010：10.

定、动态等是哈迪德在建筑创作中经常表现出的形式特征，同时也诠释了她独特的美学追求，其中更是蕴含了建筑师非理性的审美思维逻辑及非线性的建筑创作手法。哈迪德将建筑看成是一个永远都处于未完成状态的动态系统，这突破了现代建筑的静态体系，她的空间组织方式不再是传统建筑封闭的、独立的空间组织，而是突出空间序列的连续性、多意性、复杂性与流动性，同时强调建筑在使用过程中的动态性。这同时也激发了当代建筑非理性审美思维中的非线性逻辑。

　　哈迪德在杜塞尔多夫媒体与艺术中心的方案设计中，运用了一个完全没有分割的全面开敞的空间，表达了空间的极大灵活性和适应性。空间可以根据任何需求及环境的变化进行功能的变化，体现了空间功能塑造无意指断裂的非线性思维逻辑。哈迪德的法国巴黎卢佛尔宫伊斯兰展厅（图4-26），用不规则的、流体的连续曲面造型将原有的建筑完整的包裹起来，体现了建筑形态流体的非线性审美逻辑。建筑的动态流体造型

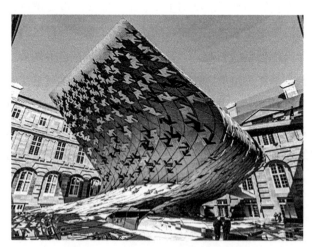

图4-26　法国巴黎卢佛尔宫伊斯兰展厅

犹如一个巨大海浪的瞬间定格取形，表现了建筑师在建筑创作中对时间因素无意指断裂的非线性、偶然性与随机性的思考与审美表达。哈迪德的中国香港顶峰俱乐部、德国莱比锡宝马中心、美国芝加哥伊利诺伊理工学院等建筑作品都体现了非线性思维逻辑的运用。哈迪德在建筑设计中运用几何形体的非线性组合形成复杂的建筑形态及空间，运用时间非时序性的建筑形式语言的表达，向我们诠释了一个不确定的、复杂性的、非理性的现实世界，同时也表达了建筑师非理性的创造和审美思维逻辑。

二、解辖域化的空间界面消解逻辑

"解辖域化"是德勒兹审视世界的差异哲学和流变思维中的一个重要的概念，与"辖域化"相对。广义的辖域化概念是指既定的、现存的、固化的疆域，疆域之间有明确的边界[①]。在德勒兹哲学美学意义上，辖域化意味着某种等级制中心主义和静止的时空。而"解辖域化"则与后结构主义解构思想相联系。解辖域化的概念与逃逸线的概念可以视为一枚硬币的两面，它们都强调摆脱既定辖域或束缚的努力，旨在创造新的流变、生成的可能性[②]。因此，解辖域化是德勒兹后结构主义哲学美学思想中的关键概念，是对传统哲学主体性、中心性、等级性思维的否定，体现了自由、流变的非理性思维模式。体现

① 麦永雄.德勒兹与当代性——西方后结构主义思潮研究[M].桂林：广西师范大学出版社，2007：82.

② 麦永雄.德勒兹与当代性——西方后结构主义思潮研究[M].桂林：广西师范大学出版社，2007：83.

在当代建筑审美思维中，解辖域化的思维逻辑直接影响了当代建筑空间形式的变化。传统的建筑空间中突出空间的层化关系，空间根据功能进行等级划分，形成封闭的、完整的整体。而当代建筑的空间由于受到复杂科学和后结构主义哲学思潮的影响，空间趋于复杂化、不确定性、多义性的变化趋势。在这一过程中，德勒兹哲学美学为当代建筑空间的复杂化转向提供了思想基础，其解辖域化的概念诠释了当代建筑动态变化的空间关系，为空间界面消解的当代建筑和建筑空间的审美指明了思维的方向。

哈迪德、屈米、卡尔·朱、林恩等当代先锋建筑师，在德勒兹思想的影响下，运用折叠、图解、事件、游牧、块茎等不同的操作手法，打破了各个空间要素的等级主从关系，创造了复杂的空间形式，建筑空间不再是静态的、封闭的、确定的，而是突破了空间辖域的界限转向动态的、开放的、不确定的空间形式。例如，哈迪德的辛辛那提当代艺术中心（图4-27）的建筑外观，哈迪德通过一系列尺度和材质均不相同的长方体悬挑、错动、叠置，创造了动感强烈的建筑形态。其建筑内部空间，通过与中庭连通的各个展厅空间的设置，打破了空间的辖域，使参观者在建筑内部的任何位置都可以感受到各空间单元的连通与通透，实现了空间在水平与垂直方向上界面的消解，创造了连续与流动的空间关系。哈迪德在众多建筑作品中，通过解辖域化的思维逻辑创造了动态流动的空间形式和建筑形态，带给人们空间界面消解的动态性、连续性的空间审美感受。林恩的韩国基督长老会教堂（图4-28）通过建筑表皮开放的围护结构实现了建筑室内外空间界面的消解，使人们在建筑内部可以通过表皮上的开洞与建筑外部的生活紧密地联系和结

图4-27 辛辛那提当代艺术中心

图4-28 韩国基督长老会教堂

合,这是对传统建筑封闭空间形式的一种突破和传统层化空间
的解辖域化。

三、"游牧"空间多元化生成的思维逻辑

在德勒兹的差异与重复的哲学思想中,"游牧"意味着由
差异与重复的运动构成的未科层化的自由装配的状态,呈现出

非确定性和多元性的特征。德勒兹"游牧"的概念诠释了一种多元性、多声部的漫游与生成,恰如游牧民族水草而居、居无定所的状态。在德勒兹的哲学思想中,他以"游牧"思想对峙权威化、绝对化、普遍化的超验主体性。"游牧"思想与理性为主体的二元论相对照,表现出具有流散性质的多元论特点。体现在当代建筑美学中,一方面,"游牧"美学思想的非理性多元论特点引领了当代建筑审美思维的非理性转向,为当代建筑的自由多变、不确定的平滑空间形式取代传统建筑等级制、主体性的层化空间形式提供了思维的依据和审美思维的新视角。另一方面,游牧民在大地上的活动路线所形成的多元化的空间形式,为我们审美和解读当代建筑的多元化的空间生成关系提供了依据。游牧民根据水源、草地等环境条件的变化在大地上自由流动,其经过的地方形成一个个开放的"界域",这些"界域"融合了所在环境的多元的异质元素,具有多元化、开放性的特点,其空间形式与等级化的层化空间形成鲜明的对比,并体现出动态流变的审美特征。当代建筑在适应环境过程中呈现出的与所在环境异质元素多元混合的平滑空间形式,与"游牧"空间的多元化生成过程相一致,并表现出游牧、流变的审美意蕴。

当代大地景观式的地标建筑及临时性、流动的建筑形式都是这一"游牧"的空间形式的审美表达。以哈迪德的上海凌空 SOHO 为例(图4-29),其造型形态宛如蓄势待发的四列高铁的形象,将整体建筑的动态流动性形象表达出来,同时也寓意了这栋商业楼宇在当代信息化社会背景下带给人们的高效的生活及工作方式。整栋建筑地处长三角地区的国际贸易经济圈,将各个交通枢纽及经济带多元化地整合在一起,形成一个对外开放的经济、信息的"界域"，体现了"游牧"平滑空间的形式和流动性的审美特征。

临时性的建筑形式也表达了多元化"游牧"空间的审美意蕴。临时建筑根据所在环境的社会和自然因素建造，体现了环境的适应性并具有"游牧"的空间特征。伊东丰雄的风之塔（图4-30），一个椭圆形的柱体形态，金属网孔板的轻质表皮内部布满了由计算机控制的霓虹灯，根据外部环境的变化而发生相应的灯光的改变。整体建筑体现出轻质、渗透、流动的视

图4-29　上海凌空SOHO地形拟态表达

图4-30　风之塔

觉效果，表达了数字时代"临时性"建筑极大的环境适应性和"游牧"的审美观念。

在当代西方科学和哲学的双重推动下，人们的思维方式实现了线性思维向非线性思维的转变，同时也带来了建筑创作和建筑审美思维的历史性变革。当代建筑的复杂化转向，超越了现代主义以来建筑的工具理性、简单化、固定化的审美思维惯性，使当代建筑呈现出非理性、差异性等多元、异质的美学思维趋向。在这一过程中，德勒兹的差异哲学与流变美学思想契合了当代建筑的非理性转向，并为其提供了思想源泉。这使当代建筑突破了理性主义的至酷，从以建筑为中心，建筑作为独立、封闭的机体观念中脱离出来，转变为从时空环境、城市肌理、身体经验等开放性的宏观视角对建筑的思维和审美。形成了运动与时间的叠合性思维、空间流动的表达性思维、感觉逻辑的差异性思维、动态生成的非理性思维等当代建筑美学的多维思维。这些美学思维模式突破了笛卡尔二元论审美的思维惯性，实现了当代建筑创作的美学超越，进而也推动了当代建筑开放性、多元化、自组织生成性等的创作变革。

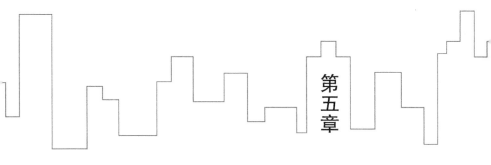

第五章

基于德勒兹哲学的当代建筑审美变异

信息社会复杂科学的发展推翻了现代主义技术至上的工具理性思想，同时也带来了哲学领域的非理性转向和反中心论、反等级制的后结构主义思潮。在科学和哲学思潮的推动下，当代建筑呈现多元化并存的格局。这颠覆了现代主义建筑以来的总体性、线性、理性的审美取向，推动了当代建筑审美观念从二元论向多元化、差异化转变的历史性变革。在这一过程中，德勒兹的差异与重复、多元与流变的哲学美学思想拒斥以人作为基本存在的观念，肯定大千世界各种存在的价值与意义，凸显了一种多元、动态的生成观，表现出后人文主义非理性、非标准等审美取向，深刻影响了当代建筑师的创作思想和当代建筑的审美观念。格雷戈·林恩、彼得·埃森曼、扎哈·哈迪德、蓝天组等当代众多先锋建筑师将德勒兹的哲学概念转化为建筑创作手法，并应用于建筑实践，使当代建筑表现出更为复杂化、差异化、非线性的风格特征，进而也推动了当代建筑审美观念向非理性、非标准、非总体化的转变。

第一节　审美观念的转换

德勒兹的差异哲学与流变美学思想对当代建筑的创作思想及审美观念的流变具有深刻的影响。其差异性、多元流变、游牧、解辖域化、块茎等思想在当代建筑审美观念对抗现代主义建筑理性、标准性、总体性、同一性的观念变革中起到了引领思想的作用，使当代建筑在审美观念的嬗变过程中呈现出差异化的非理性审美取向、多元流变的非标准审美取向及异质混合的非总体审美取向。

一、差异化的非理性审美倾向

在德勒兹看来，差异化是一切事物多样性存在的本真状态，一切生命都可以划分为差异的强度，随着差异强度的变化而发生相应的改变，差异永远蕴含在同一性之中，并通过不断地重复而生成无穷。德勒兹以差异和重复取代了现代理性的同一和表象，他通过"褶子"的概念描述了差异与重复的生成过程，他认为世界在"褶子"的折叠与展开以致无穷的运动中呈现出重复与差异的物质变化。"褶子"无穷尽的差异与重复的折叠，蕴含了创造性的弹力，启发了折叠建筑这一非理性的建筑空间形式。彼得·埃森曼自20世纪70年代起创作的住宅系列就开始在建筑设计中用"分解""折叠"等概念颠覆传统建筑的构图法则，他的住宅6号和10号体现了对传统建筑以人为中心的观念的挑战。他的阿朗诺夫设计及艺术中心（图5-1）通过将基地地形与建筑空间运行轨迹的融合及扭转，创造了折叠的建筑空间与体量，突出了建筑形象冲突、断裂、不稳定的特征。安藤忠雄在分析埃森曼的作品时指出，"埃森曼将建筑与社会及经济脉络分离开，不以任何事物为前提，而且排除所有古典概念上的秩序与顺序，力图确立在纯粹的意义上作为知识

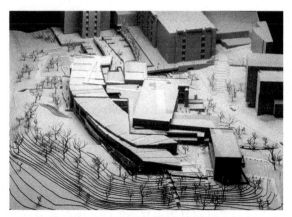

图5-1 阿朗诺夫设计及艺术中心

操作产物的建筑空间。^①"其中体现了埃森曼建筑创作的概念性以及对传统理性的反叛。屈米的拉维莱特公园,以解构的方式对空间去除等级制的组合也体现了对西方城市理性等级制度的突破。

德勒兹通过差异化的思想,反对将等级性、中心性、线性、逻辑性等作为实现自身的指标[②],突出差异、变化在创造中的作用。这一思想帮助当代建筑师打破了理性逻辑的束缚,使差异化、非理性的思想如同一座座流播强度的"高原",迸射出自由的美学精神和审美的非理性观念,进一步推动了当代建筑非理性的审美转向。例如,屈米的《曼哈顿手稿》运用跳跃、错位等蒙太奇的剪辑方式,将建筑空间形式、功能与社会价值相分离,通过空间中差异化的活动和事件,实现建筑空间各元素新的意义关系,创造出断裂、差异、破碎的建筑形式,

① [日]渊上正幸.世界建筑师的思想和作品[M].覃力,黄衍顺,徐慧,等译.北京:中国建筑工业出版社,2004:150.

② 万书元.当代西方建筑美学[M].南京:东南大学出版社,2001:231.

体现了建筑创作的非线性思维逻辑及创作语言的非理性转向。

德勒兹的差异概念又是建立在时间观念基础上的[①]，其差异的差异化，或者说是差异化的生成过程从根本上说是一个时间性的过程[②]，即多样性差异的无限生成，建立了过去、现在、未来不同时间维度的无限开放性的循环，这使时间作为一个主要的参数进入当代建筑的空间表达，使当代建筑表现出超序的时空和复杂、异质的建筑形态。哈迪德的获奖方案"香港顶峰俱乐部"，运用锋利的建筑碎片的叠加和错动，创造了一个超序的建筑时空，向我们展示了非理性的形式语言和一个魅力无穷的建筑新世界。她在建筑作品中运用锐利的线条表现强烈的动感、震撼的力度，她拒斥理性的稳定，从差异化的时空秩序中创造新的建筑形式，以此表达她非理性的审美观念。

二、多元流变的非标准审美倾向

多元流变是德勒兹哲学、美学的核心思想，它的意义在于对人类中心主义和罗格斯思想传统的解构与活力论的重构。"游牧"概念诠释了德勒兹这一美学思想，德勒兹的"游牧"概念来源于对游牧民族生活方式的思考，游牧民遵循习惯的路线[③]，如同大地上自由的漫游者，把自己分布在一个开放的

---

① 潘于旭. 断裂的时间与"异质性"的存在——德勒兹《差异与重复》的文本解读[M]. 杭州：浙江大学出版社，2007：29.

② 莫伟民，姜宇辉，王礼平. 二十一世纪法国哲学[M]. 北京：人民出版社，2008：551.

③ 陈永国，编译. 游牧思想——吉尔·德勒兹，费利克斯·瓜塔里读本[M]. 长春：吉林人民出版社，2004：314.

空间里，占据空间却不掌控这个空间^①。这样的空间形式是平滑的、没有等级的，没有边界，也没有封闭。游牧民的这种生活方式体现了流变的空间生成模式，其中蕴含了"游牧"科学的思维逻辑，与王权科学严密的等级、逻辑、标准相对。德勒兹这一多元流变的美学思想消解了二元对立的哲学观和等级制度，启发了当代建筑非标准的审美取向，并推动当代建筑突破了现代主义二元论王权科学的统治，呈现出游牧、流动、非标准的形式特征。例如，伍端的游牧机器（图5-2）就是根据游牧民的生活方式创造的流动的建筑形式，它可以根据环境的需要自由组合成各种类型的居住空间，与现代主义建筑严谨的空

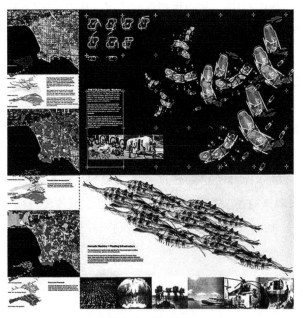

图5-2 游牧机器

① 莫伟民，姜宇辉，王礼平. 二十一世纪法国哲学[M]. 北京：人民出版社，2008：551.

间逻辑形成鲜明的对比。蓝天组设计的建筑作品，其内部空间复杂含混，也体现了极强的非标准、非和谐的因素。尤其是他们建筑图纸自由灵活甚至是"意识流"的生成过程体现了创作思维过程的流变与非标准特征。弗兰克·盖里建筑作品中破碎与流动的曲面造型也体现了对现代主义建筑盒式空间逻辑的反叛。盖里的毕尔巴鄂古根海姆博物馆（图5-3）造型独特，北侧外观的复杂曲面体块形态动感十足，形成一个流动的空间景观。博物馆入口处的中庭设计（图5-4）打破了现代主义建筑简单几何的秩序性，曲面层叠起伏、奔涌向上，体现出以往现代主义建筑空间不具备的强悍的视觉冲击力，被盖里称为"将

图5-3　毕尔巴鄂古根海姆博物馆外观

图5-4　毕尔巴鄂古根海姆博物馆中庭

帽子扔向空中的一声欢呼"①。表现了解构主义建筑自由、流动的形式特征和非标准的审美取向。

三、异质混合的非总体审美倾向

德国哲学家阿多诺认为，"压迫性的总体化"限制独立自主的个体发展，阻滞人的自由本性和创造本能②。而现代主义建筑的几何霸权和纯净主义美学在建筑领域形成了一种"压迫性的总体化"局面，局限了建筑美学的走向。文丘里、菲利普·约翰逊等人对现代主义发起反抗，使现代主义建筑的总体性审美观念受到重挫③，建筑师们为了避免总体性在后现代主义建筑中再次出现，从反现代主义以来出现的新的建筑观念，都将反总体性、反统一性、反对任何形式的美学专治作为旗帜。而德勒兹哲学"解辖域化"的非理性思想为当代建筑规避审美观念陷入总体性的惯性之中，或者再一次陷入非总体性的另一个极端，提供了哲学的指引和思维观念的引领。德勒兹的解辖域化思想蕴含了对封闭的、专制的系统的逃离，以及对既定思想辖域的摆脱，体现了后结构主义异质、生成的思维模式，尤其是其思想中"块茎"的生成方式启发了当代建筑异质混合的非总体审美观念。"块茎"就如同马铃薯的根，它可以在任何外力的作用下任意切割，随时断裂，生成新的"块茎"，实现新的增殖和各种异质元素的重新组合，体现了极大的创生性力量和环境的适应性。德勒兹的"块茎"概念被当代建筑师

① 刘松茯. 外国建筑史图说 [M]. 北京：中国建筑工业出版社，2008：312.

② 刘松茯，李静薇. 扎哈·哈迪德 [M]. 北京：中国建筑工业出版社，2008：63.

③ 万书元. 当代西方建筑美学 [M]. 南京：东南大学出版社，2001：207.

转化为建筑设计手法应用于建筑实践，实现了建筑与所在环境异质元素的融合，同时也为当代建筑脱离现代主义的总体性、充分发挥异质性和差异性提供了可参考的操作方法。

　　格雷戈·林恩的"泡状物"理论就是来源于德勒兹的"块茎"思想。"泡状物"理论中的"变形球体"可以根据周围力场圈的变化，变形成新的柔性几何体形态，形成多元差异的内部结构。林恩设计的"世界方舟"博物馆（图5-5）就是基于"泡状物"理论的开放性的流体建筑形式，体现了与所在环境异质元素的混合和非总体的审美取向，正如斯蒂芬·霍尔所说，"建筑应该向场所非理性开放，应该抵制同一性的倾向，既应与跨文化的连续性适配，也应与所在的环境和社区的诗意表现适配"[①]。哈迪德的建筑思想和作品也体现了这种异质元素混合的

图5-5　"世界方舟"博物馆

　　① Philip Jodidio. New Forms : Architecture in the 1990s[M]. New York : Taschen, 1997 : 76.

非总体审美观念。哈迪德反对任何形式的总体化和同一性，她的建筑作品总是能够让人感受到异质性元素与环境的融合和令人诧异的视觉冲击力。她在阿塞拜疆首都巴库的盖达尔·阿利耶夫文化中心（图5-6）的设计中，通过对原有基地环境、组织结构和城市文脉肌理等异质性元素在建筑中的多元聚合，挖掘出建筑的形态和空间布局，将建筑锚固在空间场所之中。其复杂、非总体的建筑形式语言体现出创新的力量，满足了城市复杂化、差异性的需求，并使城市焕发出新的生机。

　　德勒兹哲学是对当代建筑影响最大的哲学之一，德勒兹的差异哲学思想启迪了当代建筑师的创作思想和操作手法，使当代建筑呈现出更为复杂化、差异化的特征；同时，德勒兹的流变美学思想也推动了当代建筑审美观念从现代主义压倒一切的大一统局面向后现代主义的多元、复杂、差异化转变，使当代建筑的审美取向突破了现代理性、总体性、同一性的思维束缚，表现出非理性、非标准、非总体的审美特征。在这一过程中，德勒兹哲学美学思想为当代建筑审美观念的流变提供了哲学的支撑，德勒兹创造性的哲学概念及思维模式为当代建筑

图5-6　盖达尔·阿利耶夫文化中心

规避进入现代主义建筑总体性审美观念的惯性之中和走向非理性的另一个极端提供了有效的途径，使当代建筑迸射出强大的活力和自由美学精神。

第二节　审美元素的拓展

复杂科学和后结构主义哲学推动了当代建筑复杂化、差异化、多元化的发展，当代建筑在形态、空间和表皮上都发生了复杂化的转变。差异化、多元流变、异质混合的非理性、非标准、非总体的审美取向逐步取代了现代主义建筑纯净美学的对称、统一、简洁等的审美。同时，建筑的审美元素也突破了现代主义时期建筑纯净的形体和秩序化的空间形式，表现为具有冲击力的复杂表皮、令人耳目一新的、复杂的建筑形体及其空间中的动态影像和光色运动。

一、复杂表皮

表皮的复杂化转变是当代建筑审美元素发生变化的一个显著特征。这是在信息社会背景下复杂科学技术渗透到建筑领域而产生的直接结果。复杂科学技术在建筑领域的运用使建筑表皮可以成为独立的结构覆盖于建筑表面，并根据环境的需求表现出不同的生态功能，给人们带来独特的视觉审美感受。复杂表皮的审美主要表现为表皮结构和肌理的复杂变化所带来的视觉、触觉等的审美冲击力。

复杂的表皮结构在当代建筑中通常以金属幕墙的形式覆

盖于整个建筑外立面。由于表皮结构的重复变化，形成不同的表皮肌理，给人视觉上不同感官的审美感受。例如，隈研吾在上海设计建造的虹口SOHO（图5-7），整栋建筑通过铝条网格金属构件编织结构的错位和扭曲设置，创造了褶皱感的建筑表皮。在阳光的照射下反射出银白色的光芒，形成不同的光影变化，仿佛整栋建筑被披上了一层光色闪动的鱼鳞，带来十分炫酷的视觉效果和触觉维度的审美感受。赫尔佐格和德梅隆设计的中国香港大馆（图5-8）建筑表皮通过有规律的铝制的洞孔纹理结构设计，在实现了遮光作用的同时，也减轻了大面积建筑金属幕墙表皮的反光问题。夜晚，通过表皮空洞结构透出的建筑内部的光影变化，展现了建筑多层次空间的审美意蕴。

图5-7　虹口SOHO建筑外观及表皮结构

图5-8　中国香港大馆建筑外观及表皮结构

在数字影像技术的作用下，影像可以在建筑表皮上进行大面积的重复复制和涌现，视觉效果成为建筑表皮的突出特征，建筑以复杂的表皮肌理形象成为人们感知建筑形象的主导因素。建筑的空间关系在复杂肌理表皮的作用下被弱化了，而建筑的视觉形象得到进一步强化。肌理表皮由此成为当代建筑审美的一个主要元素。人们对建筑表皮肌理的审美是在视觉感知基础上与建筑空间审美的整合。赫尔佐格和德梅隆的许多建筑作品将印刷图像或是影像作为元素，复制在建筑表皮上带给人们表皮的复杂肌理形象和视觉的审美感受。例如，在瑞科拉公司欧洲厂房的设计中，赫尔佐格和德梅隆通过丝网印刷术将摄影艺术家卡尔·勃罗斯费尔拍摄的树叶图像不断地重复，形成了全新的表皮肌理（图5-9），带给人们强烈的视觉冲击力和令人震撼的视觉审美感受。荷兰的MVRDV工作室在中国台湾台北设计的姐妹塔楼（图5-10），楼体表皮布满电子屏幕，循环播放的影像肌理成为这座城市动态的文化景观，视觉成为建

图5-9　瑞科拉公司欧洲厂房表皮　　　　图5-10　中国台湾台北姐妹楼

259
——
第五章　基于德勒兹哲学的当代建筑审美变异

筑形式的主要特征，建筑的形体和空间关系被削弱，表皮肌理成为建筑表达审美意蕴的主体。在弗兰克·盖里设计的建筑沃特·迪斯尼音乐厅（图5-11）的表皮上，瑞克·阿纳多对其进行了改造，利用多台大型投影仪将一系列梦幻的图像和声音投放于音乐厅起伏的不锈钢立面上，将爱乐乐团第一个一百年的影像全面可视化地呈现在观者面前，引发了与观者的情感共鸣，建筑表皮动态光影的变化赋予了建筑新的审美语言和活力。2016年悉尼艺术节期间，悉尼歌剧院"照明风帆"主题的建筑表皮（图5-12），是运用数字影像3D光影透射VR技术创造出的一个图像复杂、具有主题性的形式语言，以歌剧院的建筑为依托，在天空、大地、海洋等自然环境的映衬下，突出表现了澳大利亚原住民的文化艺术，同时也将澳大利亚国家的历史和未来发展的意志彰显出来。在艺术节中成为吸引人

图5-11　沃特·迪斯尼音乐厅的动态表皮

图5-12　悉尼歌剧院照明风帆

们视线的一个亮点 ① 。数字技术在已经建成的建筑表皮上的应用，延伸了建筑已有的形式美的表达，使建筑超越了时空的界限，承载了更多的文化或精神信息，成为当代建筑的又一种审美元素。

二、动态影像

光电子时代影像作为建筑存在的客观方式已经成为当代建筑设计和表现的主要元素，当代建筑通过影像的动态变化表达了空间复杂流变的信息，通过动态影像构成了全新的时空关系。由此，建筑中的影像带来了当代建筑审美的新视角，成为当代建筑审美的新元素。在当代建筑中，纯视听情境的"时间—影像"作用于人们的思维层面，通过各种感官的回忆与阅读，实现了人们对建筑影像时空变化的审美。在这里，影像不

① [美]谭力勤. 奇点艺术——未来艺术在科技奇点冲击下的蜕变[M]. 北京：机械工业出版社，2018：200.

再是被附加于建筑表皮之上的装饰性元素，影像也不再是建筑空间中的光影变化，而是内在于建筑环境空间的建筑语言。它通过不同时层、时面等非线性时空关系的视觉化信息的叙述，表达了复杂时空中影像信息变换的审美意蕴。

　　建筑空间中动态影像的审美，一方面表现为建筑透明性的表皮折射、反射出的动态影像带给人们关于环境及时空变化的视觉审美感受。大面积玻璃、金属幕墙在当代建筑表皮及内部空间的应用使建筑映射出周围环境时空变化的动态影像。例如，英国曼彻斯特博物馆由轻质玻璃及金属围合成的连接两个展馆的入口空间（图5-13），轻质而透明的玻璃与具有强烈反光质感的金属顶面形成轻与重的质感上的冲突与对比，并将周围建筑与人流活动的影像折射在玻璃及金属顶面上，形成信息变换的动态空间影像，带给人们视觉感知的强烈冲击。努维尔设计的卡蒂埃基金会（图5-14）建筑表皮上大面积玻璃的应用，在与环境中变化的光线相结合时，环境中的影像叠合在建筑玻璃表皮上，展现了一个几乎完全透明的建筑景观，建筑与

图5-13　英国曼彻斯特博物馆入口

图5-14　卡蒂埃基金会

所在的场所空间及时间交融在一起，一个不断运动、变化的复杂影像呈现于人们面前，给人们带来多样时空的审美感受。当代大量的影像建筑作品中都出现了运用玻璃等透明材料来表达影像与影像之间的叠印、渗透的关系。玻璃的透射、反射将处于不同层次影像的相互叠加和运动变化呈现出来，创造了建筑空间信息的通透之美。

　　另一方面，关于建筑空间中动态影像的审美还表现为建筑形体及空间层叠、错列等非时序的时空关系在人们意识层面形成的动态影像变化。哈迪德的许多建筑以极端的、冲突等的几何形式穿插、错落造型创造了建筑时空动态的时空影像。哈迪德的辛辛那提当代艺术中心连接不同标高展厅的扶梯，使各个展厅空间人流的动态影像共时性地呈现出来，带给人们超越时空的动态影像的审美感受。北京凤凰国际传媒中心（图5-15）内部公共空间各层扶梯的开放设置也将人们带入一个动态影像共时性存在的多维时空中，使人们产生了空间的连续与流动的视觉审美体验。

图5-15　凤凰国际传媒中心

三、光色运动

材料的透明性创造了当代建筑表皮的动态影像，而材料的半透明性则创造了当代建筑影像模糊的光影效果和光色运动，使之成为当代建筑以来所特有的审美元素。建筑表皮及空间内部半透明的材质使光线和影像不能完全渗透和反射，而是形成了一种光影模糊的视觉效果和光色的运动。这些光影模糊的影像片断无法在人们的意识层面形成与影像相对应的记忆回环，进而开启了观者的"梦幻—影像"感知模式，进入了影像的联想逻辑，将观者带入建筑时空无限想象的审美意境。伊东丰雄的"P旅馆"以及"八代市保寿疗养护老人公寓""东永谷地区中心""地域老人日托中心"还有"野津原町市政厅"等大量建筑作品都向观者展示了半透明材料在建筑中带来的光色运动和光影的变化①。他利用建筑半透明感的材质所生成的光影效果向人们诠释了建筑中多层次的空间审美感受。努维尔的斯特拉斯堡酒馆（图5-16）通过半透明的玻璃反射创造了室内光色变换的空间效果。酒馆内长长的半透明玻璃墙面形成了室内外空间影像和光色变化的临界面，影像折射的光影模糊了室内的墙面，打破了空间的界限。同样的表现手法在地下室被颠倒过来，长长的半透明反射玻璃被平行放置，将人们带入梦幻般的触不可及的空间审美意境。由SOM建筑设计事务所设计的保利国际广场（图5-17）主写字楼建筑，通过双层玻璃幕墙和

---

① 陆邵明. 当代建筑叙事学的本体建构——叙事视野下的空间特征、方法及其对创新教育的启示 [J]. 建筑学报，2010（4）：21.

图5-16　斯特拉斯堡酒馆室内空间的光色运动

图5-17　保利国际广场

斜网格支撑结构创造了建筑立面棱镜反射的光色变化，使建筑从清晨到傍晚反射出周围环境的光色变化，放射出砖石般的光芒。安藤忠雄设计的明珠美术馆（图5-18）的内部空间向人们诠释了一个光色变幻的光影世界。安藤忠雄通过在穹顶、顶棚和墙体镂空处光线的自由穿梭，为观者带来了一场光影交错的感官享受。

建筑空间的光色运动还表现为夜晚照明灯光在建筑立面上的应用及所形成的建筑灯光景观，由此带给人们震撼的视觉感官刺激。新加坡的超级树（Super tree）建筑景观群的设计

（图5-19）从热带雨林中汲取灵感，树冠上安装的光伏电池，可吸收太阳能供夜间照明，给新加坡的夜空带来光色律动的色彩。

图5-18　明珠美术馆内部空间

图5-19　超级树

第三节　审美范畴的延伸

科技的发展、哲学思想的引领、社会形态的转变带来建筑创作思想和建筑美学的转变。当代建筑不再像现代主义建筑孤立地存在于环境中，而是更加关注与环境、时空之间的关系。当代建筑的创作思想更为宏观，这也促使当代建筑和审美范畴不断延伸，表现为从现代主义建筑个体空间结构逻辑的秩序审美向时空关系、环境关系等转变，呈现为建筑时空的迭奏共振，与空间环境各元素关系的异质平滑，建筑时空体验的官感交融及生成方式的异质共生等新的审美范畴。

一、建筑时空的迭奏共振

迭奏共振是影像建筑美学的运动与时间叠合的审美思维中，回忆、梦幻、晶体影像等思维逻辑，在人们的思维意识层面对非线性建筑时空关系的审美。当建筑空间中处于不同时空的、断裂的、非逻辑的影像片段通过数字媒介及空间错列、叠合等手法被同时挤压到此时此地时，就会在观者的意识层面产生关于这个建筑空间影像多维时空的迭奏与共振的审美感受。这是影像建筑所特有的关于时空叠合的审美范畴。时间与空间的迭奏是建筑空间中，片段化的时空影像碎片被压缩到此时此地，在人们的思维层面上形成的审美感知的结果。它反映了时间的空间和带有空间性的时间经过回忆、梦幻、晶体思维逻辑的融合，被挤压在人的意识层面形成了叠合、互渗、共振的时空。

迭奏共振的审美主要在两个层面上发生（表5-1）：建筑时间与空间的迭奏共振，以及各层次、维度建筑空间的彼此迭奏共振。建筑时间与空间的迭奏共振实质上就是对时间空间化过程的审美。在审美的范畴里时间的空间化的显形过程，使时间被压缩到便于人们意识层面感知的尺度，而实现了在人知觉中时空维度的迭奏共振和情感上的共鸣。纪念性的建筑大多会令人产生这样的审美情感。再以里伯斯金设计的柏林犹太人博物馆（图5-20）为例，博物馆的锯齿形态造型犹如一道闪电撕破夜空，将人们的思维带入当时的战争年代；建筑表皮上犹如伤疤的窗户造型和室内昏暗的光线，以及具有压迫感的狭长通道，都将当年战争的时空影像压缩到了此时此地，时间以空间的形式呈现在观者面前，在观者的精神世界中迭奏共振，并产生了情感的共鸣。多层次、维度建筑空间的彼此迭奏共振，实质上就是对空间时间化过程的审美。此时，建筑在人的审美认知层面就如同一个"晶体—影像"，通过各个层次、维度的空间共时性地呈现在观者面前，使观者在此时此地感受到不同层次、维度空间的渗透与叠合，在思想意识层面形成了不同空间序列叠合渗透、迭奏共振的审美感受。隈研吾在澳大利亚悉尼达令广场设计的交易所大楼（图5-21）主体是被2万米浅色木

迭奏共振审美范畴的分类

迭奏共振的审美范畴			
分类	审美思维	特征	建筑类型
时间与空间的迭奏共振	运动与空间叠合性审美思维	对时间空间化过程的审美—情感共鸣	纪念性建筑影像建筑
多层次、维度建筑空间的迭奏共振		对空间时间化过程的审美—精神延伸	

269

第五章 基于德勒兹哲学的当代建筑审美变异

图5-20　柏林犹太人　　　　图5-21　澳大利亚悉尼达令广场交易所大楼
　　　　博物馆

料包裹的螺旋形结构，旋转的木料表皮与大面积的玻璃窗相互渗透，使建筑内外空间影像共时性地存在于人们面前，增强了建筑内外空间的活力，将建筑内外的人带入多维空间迭奏共振的审美意境中。建筑圆形的几何体造型使人们可以从多个方向进入和识别建筑，建筑最大化与外部环境相连通，实现了内外空间信息的迭奏共振。

　　建筑时空的迭奏共振是物理空间和时间性的空间在心理空间的叠合和在情感上的共振。迭奏共振的审美范畴突破了建筑时空的物理属性，使其在人们的精神层面得到延伸。

二、建筑空间的异质平滑

　　异质平滑是"界域"建筑美学中，组成建筑空间各元素之间关系的审美表征。作为"界域"的建筑，通过与环境的结域与解域，表达了平滑空间的运作模式，实现了建筑内部与外部环境之间各种异质性、多元性元素的相互聚合与作用。这种作用过程及过程的定格取形所呈现的建筑空间的形态特征是"界域"建筑审美范畴的延伸，表达了"界域"建筑承载信息的异质平滑。它包含两个方面：一是建筑形态及空间的异质平滑；二是建筑所承载社会、历史、文脉等信息的异质平滑（表5-2）。建筑空间形态的异质平滑表征了建筑的物理空间特征这一审美范畴，建筑承载信息的异质平滑则是社会、历史、文脉等在建筑空间中的映射而呈现出的审美表达。二者都是从建筑与环境的宏观视角，对建筑的非物质属性进行的审美解读。建筑空间形态的异质平滑主要体现在当代建筑的内外部空间形态与环境结域、解域关系的表达性上，以及与环境融合的强度关系上。

异质平滑审美范畴的分类　　　　表5-2

异质平滑的审美范畴			
分类	审美思维	特征	建筑类型
建筑形态及空间的异质平滑	空间流动的表达性审美思维	建筑形态与环境结域、解域关系的表达性呈现	"界域"建筑
建筑承载社会、历史、文脉等信息的异质平滑		建筑承载非物质信息的强度表达	

通常表现出平滑的、流线型的建筑空间和形态，由此也成为当代"界域"建筑审美的一个主要内容。当代众多的非线性建筑及大地景观式建筑都表征了建筑空间形态的异质平滑。哈迪德的众多建筑作品在空间形态上都体现了异质平滑的审美特征。以香港理工大学赛马会创新楼为例（图5-22），该建筑位于校园内一块不规则的场地内，其富有流动性的造型形态，以全新的面貌活跃了校园环境，其室内空间通过异质平滑的空间形式将大型展览场地、娱乐场所、工作室等多种功能空间融合在一起，创造了一个多学科相融合、启迪的文化交流场所。

图5-22　香港理工大学赛马会创新楼外观及室内空间

整体建筑表达了异质平滑的形态特征。

　　建筑所承载社会、历史、文脉等信息的异质平滑主要体现在建筑空间所承载的非物质信息与社会、历史、文脉等的关联强度上。建筑通过其平滑空间的生成方式和运作语言，将自身锚固在整体的空间环境中，与整个城市的非物质背景相融合，表达出非物质空间异质平滑的审美表征。这一审美新内容也出现在"界域"建筑的美学视阈中。以杭州的来福士中心建筑为例（图5-23），大厦水波潺潺的外形隐喻钱塘江水的川流不息，双子塔的建筑风格将城市与西湖、钱塘江的景观完美地融合在建筑空间中，打造了城中之城的概念；其建筑内部的住宿、办公、用餐、娱乐、观影、健身等多种功能空间既是城市的缩影，也延伸和表达了建筑与城市生活方式的强度关联；建筑的地下空间通道又缩短了两条不同线路的两个地铁站之间的距离；建筑通过运用太阳能、自然通风和自然采光，表达了绿色、生态的理念；建筑内外空间的造型形态以流线型的语言诠释了建筑与城市之间信息的顺畅流动与交互作用。整体建筑体现了未来城市健康、高效、便利、生态等的发展理念，同时也表征了建筑与城市多元、异质非物质信息的强度关联。

图 5-23 杭州来福士中心建筑外观及室内空间

三、建筑时空体验的官感交融

官感交融的审美是通感建筑美学中观者的感官突破机体界限与建筑的空间形态而产生感觉的交融与震颤后形成的一种审美感受。这也延伸了当代建筑的审美范畴，成为通感建筑特有的审美内容。通感建筑通过形式及空间的通感表达，将身体经验和身体感觉的流动蕴含在建筑形式中，使建筑形式与身体感觉和经验在空间中发生交融和碰撞。此时，当感觉穿过器官的机体组织而到达身体时，它会带有一种过渡的、狂热的样子，它会打破机体有机活动的界限。在身体之中直接诉诸神经之波，形成生命的感动[①]和审美的感受。通感的建筑通

---

① Anna Powell. Deleuze, Altered States and Film[M]. Edinburgh：Edinburgh University Press，2007：48.

过其建筑形式将身体感觉及感官之间的交融视觉化地呈现在人们的面前，并作用于身体，形成一种力量，可以被人们感受的审美力量。

当代建筑感官交融的审美表现为两个方面（表5-3），即建筑形式及形态的官感交融以及建筑空间承载信息的官感交融。建筑形式及形态的官感交融是建筑通过某种形式将身体感觉器官（视觉、触觉、嗅觉、味觉、听觉、运动感）之间的关联及其融合的强度激发出来，使某种或某几种感官在空间中相互影响和震颤而形成的审美感受。以丹尼尔·里伯斯金设计的多伦多皇家安大略博物馆的新附属建筑为例（图5-24），这是一座外表皮由玻璃和金属覆盖的建筑，倾斜的墙体由相互连接的菱形结构组成，与旧馆的建筑形成强烈的对比，同时尖锐的菱形结构也给人们造成强烈的视觉冲击，使人们在视觉中能够触摸到这种尖锐的体量感，视觉与触觉的感官界限变得模糊，视觉中蕴含着触觉的向度，视觉与触觉在空间实现了强度的关联，进而产生了不同的审美感受。

建筑空间承载信息的官感交融是在当今复杂科学、智能技术、光电子技术的支撑下所形成的。主要表现为通过传感器、电子设备等装置在空间中的应用，建筑空间呈现出动态

官感交融审美范畴的分类 表5-3

官感交融的审美范畴			
分类	审美思维	特征	建筑类型
建筑形式及形态的官感交融	感觉逻辑的差异性审美思维	身体感官强度的交融与震颤	通感建筑
建筑空间承载信息的官感交融		建筑空间信息通过传感器与身体知觉之间的交流互动	

的、光影的、影像的变化。这些变化是建筑对人的行为及身体感知所做出的反应。由此，形成了空间信息与人的知觉之间的互动与交流，人的身体的通感感觉状态在空间中被激发出来，形成了官感交融的审美感受。以东京的MORI建筑数字艺术博物馆（图5-25）为例，该博物馆通过数字媒介信息技术及传感装置创造了一个复杂的立体空间和一个没有界限的艺术世界。在这个没有界限的世界中，各种艺术作品之间以及与人的感知和行为之间相互交融、相互影响，并不断地被创造，人的行为及身体感知成为艺术品的一部分，人与艺术品相互交融、互为

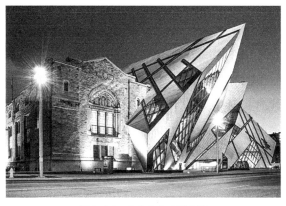

图5-24　皇家安大略博物馆

图5-25　MORI建筑数字艺术博物馆室内空间

生成，人的感官界限在这里变得无界，并得到延伸。

通感建筑官感交融的审美意境，使打破了机体界限的身体与建筑在相互影响和作用中互为生成与延伸。身体感官与建筑空间在延伸中实现了新的意义生成，同时也创造了二者之间关联强度的生命力量和美学意义。

四、建筑生成方式的异质共生

异质共生是生命时代中间领域建筑审美范畴的体现。中间领域建筑的动态生成观，及其与所在环境差异性元素的生态意义生成，以及建筑内外环境的联通式自组织更新，使中间领域建筑在运行机制、空间形式以及外部形态上都表达出深邃的生态学意义和生命特征。中间领域建筑通过与所在环境诸要素之间的异质共生将其生态学意义以不同的空间形式表达出来，将人们带入连接自然与环境的中间领域，并向人们表达了生态美学的意涵，带给人们富有生命意义的审美感受。中间领域建筑异质共生的审美范畴主要体现在中间领域建筑的几种生成方式所带来的不同建筑形式的审美上。

1.图解建筑形式的异质生成之美。德勒兹的动态生成论将图解定义为一种与整个社会领域有着共同空间的制图术，它就像一部抽象机器，将事物关联在一起，并实现新的关系和事物之间增殖的逻辑。体现在中间领域的建筑形式上，它表现为影响建筑的环境、气候、交通、人文、人的行为、心理等因素通过图解这一抽象机器生成与这些差异性元素共生的建筑形式，并成为中间领域建筑新的审美范畴。以摩弗西斯建筑事务所在美国设计的爱默生学院洛杉矶中心大楼为例（图5-26），该建

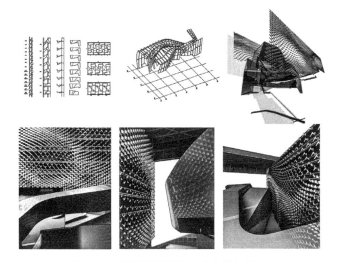

图5-26   爱默生学院洛杉矶中心的生成图解

筑是一个集学生公寓、办公空间等异质功能于一体的多样化的
校园。其中建筑的雏形是根据光线、街道、城市等周围环境计
算出来的形态生成的图解，在此基础上形成建筑的体量与单元
模块，旨在扩大教育的互动性和社会性，横跨大楼整个高度的
波浪起伏的金属织纹幕布表皮在遮蔽光线的同时增强了建筑的
动感与视觉冲击力，整体建筑在图解的增殖逻辑中表达了异质
元素的生成之美。

　　2."块茎"建筑形式的多元共生之美。主要表现为组成中
间领域建筑环境网络中各个差异性元素之间的"块茎"生成模
式和组合方式传达出来的审美意蕴。在德勒兹的生成论中，"块
茎"是一个可以不断实现自身增殖的多样性系统，它可以在任
何外力的作用下随时组合成新的形态和关系，而实现新的意义
的创生。"块茎"的这种组合方式体现在中间领域建筑中则创造
了建筑的"块茎"形式，其中蕴含了差异性元素异质共生的生

态审美意义。以荷兰MVRDV建筑工作室设计的深圳"城市客厅"叠层建筑（图5-27）为例，建筑的整体形态是基于不规则有机形状的"块茎"组群，建筑单体为不规则形状的低层建筑，组群围合成公共的室外空间，并通过倾斜的露台建立各层之间的联系，屋顶覆盖有光伏板和绿色草坪。建筑内部空间通过植物和水池作为内部气候的缓冲区，以降低周围环境的温度，也为野生动物提供栖息地。整体建筑最大化地实现了将自然景观融入城市景观之中，在形式和功能上都体现了生态美学的意涵。

（a）有机形状组群的建筑整体形态　　　　　（b）建筑单体形态

（c）建筑广场空间　　　　　　　（d）建筑内部空间

图5-27　深圳城市客厅

3."游牧"建筑形式的异质融合之美。"游牧"思想是德勒兹基于对游牧民生活方式呈现出的空间形式的观察思考。中间领域建筑以"游牧"的形式表达了中间领域建筑形式的无限开放性、异质性、多元性、变异性及对环境的极大适应性的审美意义。"游牧"的建筑形式遵循"游牧"的空间生成模式，可以根据环境的变化随时改变建筑的组合方式，体现了动态性和灵活性的生态意义。以马歇尔·布莱彻（Marshall Blecher）和福克斯特罗工作室在哥本哈根港建造的漂浮岛屿项目（图5-28）为例，该建筑体现了"游牧"单元灵活多变的形式。这些模块化的岛屿将被锚固在港湾底部，并且可以根据需要在不同区域间移动。岛屿由钢铁和回收的漂浮材料构成，形成了一个漂浮的公园群岛，为人们提供一个放松、钓鱼或看星星的平台，人们可以通过乘船、划独木舟或游泳登上这些岛屿。岛屿的顶部种

图5-28　漂浮岛屿（哥本哈根）

植了当地特有的草、灌木和树木，这为当地海鸥、天鹅、鸽子和鸭子在高度发达的城市中部提供一个避难所。岛屿的下面将为海藻和软体动物提供一个理想的附着环境，进而为鱼类和其他海洋生物的聚集提供完美的栖息地。岛屿在形式和功能上都体现了异质元素的极大融合性和适应性。

第四节　审美规则的颠覆

从古罗马时期的维特鲁威开始，建筑根据人体的完美尺度来创造空间和比例，体现出完美的建筑美学。现代主义时期，建筑以人体模数为标准来处理人与建筑空间的关系，体现了工具理性的美学特征，并以比例、对称、均衡、秩序、节奏等为建筑的审美规则。而当代社会，复杂科学技术、信息技术以及哲学思想的转变使当代建筑呈现出复杂、多元的发展趋势，建筑形态及空间形式也呈现出复杂的、非线性的变化，其建筑美学思维、审美范畴等都发生了根本性的改变，由此也带来对原有审美规则的颠覆，当代建筑在审美上已经突破了将身体作为一种客观的尺度来创造、解读建筑空间的美学特征，而更加关注身体知觉之于建筑空间的感知及情感的变化，由此当代建筑的审美规则更加趋向于情感性和人性化特征，表现为以下四个方面。

一、断裂与回旋

断裂与回旋是在影像建筑美学思想下衍生出来的审美规

则。影像建筑中，时间与空间关系的非时序变化带来影像的断裂与回旋，并在人们思维意识层面留下审美印象。建筑空间中，纯视听情景的影像以闪回镜头的形式表现为时间断裂或空间错置的片段，融合观者此时此地的时空体验在心理和精神层面产生美的知觉与印象。当代众多纪念性建筑都可以用这一审美规则进行解读。其次，当建筑空间中超越了线性序列的无数跳闪的相异时空的影像片段作用于观者的感知时，就会在观者的思维意识层面形成一种关于信息影像流动的异质时空和超序的空间体验，将人们带入"梦幻—影像"的审美思维逻辑中。此时，建筑在空间语言上也表现出断裂与回旋的审美规则。许多非线性建筑在空间处理上都体现了这一审美规则。例如哈迪德的中国香港顶山俱乐部设计方案，其充满动态的、错列的、构成意味的形体和空间处理手法及表达方式打破了观者对建筑空间原有的认知和记忆，在观者的意识层面形成超序空间影像的断裂与回旋。再次，断裂与回旋的审美规则还体现在建筑空间中非时序、超链接的时空影像在观者思维意识层面上的叠印与渗透。处于不同时层、时面、空间的影像在建筑空间中相互叠加、渗透，共时性地呈现在观者面前，就如同能够折射出各个时空截面的晶体，将人们带入超现实般的审美意境。以哈迪德的沙特阿拉伯利雅得阿卜杜拉国王金融区地铁站为例（图5-29），建筑外立面交错流动的沙丘意象的波状曲面，表达了灵动流畅的建筑形态特征，使人们产生对这一地区沙丘影像的记忆与联想。其开放的不同标高的内部空间将不同时层、时面的空间共时性、开放性呈现在人们面前，如同晶体般的影像信息在人们意识中回旋。

图5-29　利雅得阿卜杜拉国王金融区地铁站

二、折叠与交错

建筑在与环境的结域与解域的过程中，形成逃逸线的运作，呈现出折叠起伏的形态。建筑通过与环境关联强度的情态表达在物质与非物质空间中与环境渗透交错，建筑锚固在环境中形成界域化的建筑。因此，折叠与交错这一审美观是"界域"建筑所特有的形式美法则，体现在建筑物质空间以及非物质空间环境中。

建筑物质空间折叠与交错的形式美主要体现在建筑的形态、形体、体量等客观属性与环境之间的强度关联上。建筑根据基地环境及周围的交通、气候、人流等因素生成流动的、顺应地形及地势变化的折叠起伏的样态。以哈迪德设计的江苏大剧院方案为例（图5-30、图5-31），大剧院的建筑形态造型是对周围自然环境和景观的写照。以长江三角洲的形态为基础，结合周围自然环境中的陆地与水域的分布形态，创造出了与水域、山丘、峡谷折叠交错融为一体的建筑形态。从远处鸟瞰建筑，建筑与层叠起伏的山体以及周围的自然环境交相辉映，成为一个有机的整体。

建筑非物质空间折叠与交错的形式美主要体现在建筑对社会、历史、文脉等的非物质信息所承载的情态特征的属性及

图5-30　江苏大剧院建筑形态

图5-31　江苏大剧院鸟瞰

表达上。这一形式美是对界域化建筑的审美呈现，体现了建筑作为物质主体与它所承载非物质信息之间的关联强度的一种容贯性表达。界域化的建筑通过对社会、历史、文脉、行为、心理等异质性的非物质信息的力量聚合，以折叠与交错的空间形式表达建筑与非物质环境之间的强度关联、亲缘关系，以此带给人们对界域化建筑空间的非物质情感的审美体验。以蓝天组设计的大连国际会议中心为例（图5-32），建筑流动的造型形态和室内流畅的空间流线表达了大连海的意象，同时这座建筑又将大连整座城市的意象浓缩在其内部空间中，人们在建筑中穿行很容易感受到大连城市中的广场、道路、小巷甚至是立交桥的景象，人们徜徉在建筑中，能够感受到大连这座城市的魅

图5-32 大连国际会议中心

力，由此延伸和升华了审美感受。

建筑与物质、非物质空间折叠与交错的形式美法则在建筑中的体现并不是绝对分开的，二者在一定程度上互为渗透、相互关联地体现在"界域"建筑的审美之中，它是以自然和社会的宏观视角对建筑形式美的解读。

三、混沌与震动

混沌与震动是通感建筑美学思想所特有的形式美法则和审美规则。它是通感感觉的审美逻辑在感知建筑过程中的体现，同时也是建筑形式对身体通感感知状态的外在表达。作为通感感知的"无器官的身体"突破身体各个感官之间的活动界限，以身体感觉的最原初力量和各感官之间混沌的状态来感知建筑，必然带来建筑新的意义的创生和建立在身体通感感知基础上新的建筑形式。这一建筑形式与身体之间的强度关联就体现为混沌与震动的形式美原则，它是"无器官的身体"作用于通感建筑的审美感知的结果。

当代建筑在数字技术和信息媒介的影响下，通过复杂的空间形式将身体的通感感知逻辑在建筑中表达出来，并进一步激发了身体与建筑的强度关联。在这样的建筑空间中，感觉的每一个层次、每一个领域，都有一种与其他层次和领域相关联的媒介和方式。在一种色彩、一种触觉、一种气味、一种声音之间都有一种生命意义的混沌与震颤的力量上的交流，从而产生了身体感觉的情感时刻和审美的情感体验。通感建筑混沌与震颤的形式美体现在当代建筑中，表现为两个方面，即建筑复杂形态的混沌与震颤，以及建筑空间形式的混沌与震颤。

建筑复杂形态的混沌与震颤主要体现在建筑复杂形态对身体通感感觉逻辑的激发过程中蕴含的形式美。以弗兰克·盖里设计的卢马·阿尔勒大厦为例（图5-33），建筑表皮环绕着鳞片状的铝包层和凸出的玻璃箱体唤起了人们对这座城市周围陡峭的石灰岩峭壁的印象。鳞片状的铝板表皮弯曲折叠出不规则的形体，通过自然光线的照射形成斑驳的光影变化和动态的视觉效果，带给人们梦幻般的审美体验。在这样的复杂建筑形体中可以触摸到凸起的结构对身体感觉的刺激，同时在触摸的过程中也能够感受到视觉的光影变化带给身体感知的愉悦，视觉与触觉融合在建筑的形体之中形成了震颤身体感觉的力量。

　　建筑空间形式的混沌与震颤主要体现在信息技术应用于建筑空间带来的与身体感觉的交互上。信息交互技术加强了建筑空间与身体感知的关联强度，同时也激发了身体通感感知的状态，从而使人们的身体在与建筑空间承载信息互动的过程中，产生了混沌与震颤的审美知觉。以布鲁塞尔的建筑项目"感官吸引力，一类交互的民主"为例（图5-34），在这个空间中通过科技纤维、心电感应传感器、电子脉冲纺织品等技术和

图5-33　卢马·阿尔勒大厦

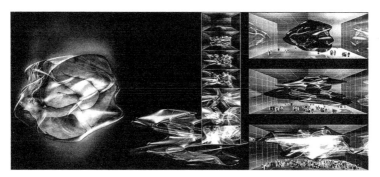

图5-34　身体感官在"感官吸引力，一类交互的民主"建筑空间中的表达

材料以及空间中带有记忆的分子链和动态生物设计，使空间中所有的边界观念被废除了，身体的所有感官就像是管弦乐一样在空间中相互联系，并通过信息网络、传感器相互传输，每一种感官的知觉都是身体通感的一种延伸，这个信息空间为身体感觉提供了一个多样化的体验模式，建筑空间体现出混动与震动之美。

四、渗透与融合

渗透与融合表述了作为中间领域的建筑在与环境及环境中的异质元素动态多元共生、联通式自组织更新、生成差异化的生态意义及生命形式的过程中，在形态或空间形式上体现出的形式美特征。中间领域建筑作为连接人类社会和自然生态之间的一个双重性的多义空间，不断地处于流动和变化、渗透与融合之中，并通过这种变化适应了人类社会与自然生态共生的需求。可以说，渗透与融合这一审美规则是中间领域建筑生态观的一种体现。当今时代正在变化为适应生命原理的时代，机械时代所支撑的工业社会，正在向信息社会转移。创造差异、实现多样化、认识多样性、重视融合已经成为整个社会的价值观[①]，中间领域建筑正是适应社会变迁与环境差异共生的过程中，呈现出了渗透与融合的形式特征。这一审美形式主要表现为两个方面：建筑形态或空间与物质环境的渗透与融合，建筑形态或空间与所在社会、人文、历史、生态等非物质环境的渗透与融合。

建筑形态或空间与物质环境的渗透与融合的审美形式主要体现在中间领域建筑在适应自然生态环境过程中所表现出的形态的包容性和空间的开放性特征，即建筑向所在环境差异性元素的过渡过程中所体现的渗透与融合的动态美的形式表达。以哈迪德设计的成都当代艺术中心的建筑设计方案为例（图5-35），该建筑地处绕城高速的交汇处，其抽象的几何造型

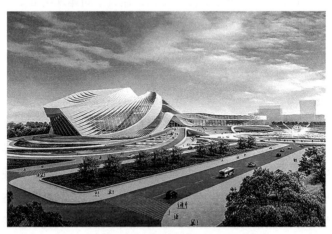

图5-35　成都当代艺术中心

---

① 美国亚洲艺术与设计协作联盟. 全息建筑生态学[M]. 武汉：华中科技大学出版社，2008：347.

形态体现了与环境的渗透与融合，梦幻般的流线造型表达了流动的高速路的意象。其开放的空间又将周围的广场、公园等连接起来，成为集多功能于一身的城市综合体建筑。

　　建筑形态或空间与所在社会、人文、历史、生态等非物质环境的渗透与融合的审美形式主要体现在中间领域建筑介入自然环境的过程中对非物质环境的观照，以及在建筑形态和空间上的呈现和表达，体现了建筑向更为复杂化、差异化元素的动态过渡和流动变化的过程。以让·努维尔为厄瓜多尔设计阿奎拉社区为例（图5-36），该住宅区在造型设计上通过由覆盖石头的弧形阳台包裹，与周围多山的环境遥相呼应。并通过在这些"岩石花园"里种植攀爬到顶部的绿色植物，并延伸到顶部，使住宅区最大化地向环境过渡与渗透，帮助居民建立与户外的联系。在多岩石的外墙后面，房屋的墙壁由大片的

图5-36　阿奎拉社区

玻璃和高高的板条木制百叶窗组成，百叶窗的折叠打开，露出多山的自然环境，进一步加强了居民与自然的联系。公寓内设置有开放式的生活区和玻璃门，通往有假山的私人阳台，极大地关注了居民亲近自然的心理需求，同时也表达了建筑与所在环境的多元共生与融合。

当代建筑体现的形式美及审美法则更多地重视人们的心理感受和情感体验。与现代主义建筑的审美规则相比，更加具有差异性和包容性，现代主义建筑形式美所追求的对称、比例等已经无法满足当代复杂建筑的审美解读，这与人们审美观念的变化密切相关，也更加接近艺术的本质，更加能够适应人们审美情感的需求。

结语

———

当代建筑在复杂科学和西方当代哲学思潮的影响下，突破了现代主义以来的功能主义和纯净美学取向，表现出复杂的建筑形态。差异性、开放性、互动性、智能性、临时性、情感性等语汇进入当代建筑的语言之中，使当代建筑呈现出异质多元、纷繁复杂的形式。当代建筑的差异性、复杂性语言打破了传统建筑美学和现代主义建筑美学的稳定秩序，使其美学体系变得复杂而难于框定。而德勒兹的差异哲学与"游牧"美学思想中蕴含的创造性的、生成性的美学理论，及其非理性、非标准的审美思维，为当代建筑的美学新思维、审美新范畴以及审美法则的建立提供了思想基础，为当代建筑美学思想体系的构建提供了哲学美学的理论平台。本书将当代建筑的复杂现象及审美问题置于德勒兹哲学美学的视阈，通过德勒兹哲学美学相关理论的提炼与总结，构建了当代建筑美学思想体系，旨在为当代建筑美学复杂现象的研究提供具有参考价值的理论框架。

本书通过系统梳理德勒兹差异哲学和"游牧"美学思想，分析其思想差异性、生成性与创造性本源及其哲学美学思想对当代建筑时空观的拓展、身体观的延伸、生态观的生成等造成的影响，分别从德勒兹的时延电影理论、平滑空间理论、"无器官的身体"理论、动态生成论的视角，建构了德勒兹哲学美学与当代建筑美学思想研究之间的对应关系与关联框架。其中，德勒兹时延电影理论中时间内在于精神之流绵延不绝的观念，以全新的时间视角诠释了建筑空间中影像、感知及审美之间的关系，为光电子时代的建筑审美提供了影像的视角和思维逻辑，建立了时空连续的多维时空审美观；平滑空间理论中流动科学的表达性思维方法以及空间"界域"的运作模式，为审美当代建筑非欧空间的复杂形式及建筑与环境的关系提供了崭新的视角；"无器官的身体"理论中感觉的逻辑的生成，以及身体感官之间开放性、解辖域化的关联状态为基于身体感知的建筑形式及形式的审美提供了通感的审美逻辑，并创生了新的审美意义；动态生成论中蕴含的深层生态学观念及中间领域的审美视阈为解读当代建筑与环境的开放性适应关系提供了动态多元共生的审美观。

在美学思想体系的构建上，德勒兹时延电影理论的"时间—影像"的思维逻辑使我们超越了线性的时间观，进入了影像的非线性链接的纯视听情境，由此构建了建筑空间中的"回忆—影像""梦幻—影像""晶体—影像"的审美情境和以"时间—影像"为主线的当代建筑的影像审美逻辑和"影像"建筑美学思想。德勒兹平滑空间论中平滑空间异质生成的运行模式向我们诠释了一个关于空间环境中异质性元素相互作用、聚合、差异性运动的生成过程，为当代建筑的形态或空间形式向环境的过渡与表达提供了流变美学的审美视角。"界域"开放性的空间和折叠起伏的形态，表达了与环境结域、解域过程中的韵律之美，为当代建筑复杂的空间秩序及褶皱的空间形态的审美提供了哲学美学依据。当代建筑在与环境及环境中的异质元素结域与解域的过程中形成了界域化的建筑，表达了物质与非物质世界的某一节奏的流变之美和无限增殖的空间逻辑，由此，生成了"界域"建筑美学思想。德勒兹"无器官的身体"理论中的"通感感知"逻辑还原了身体感官之间最原初的关联状态，体现了混沌的美学意境，为解读以身体为媒介的通感建筑的形式美语汇提供了思维的原点。通感建筑美学思想中，建筑通过身体与感觉、事件、媒介之间关联状态的空间形式表达，诠释了以身体为核心的当代建筑美学意涵和审美体验。德勒兹动态生成论中"块茎"的异质性连接、非示意断裂以及动态多元生成的特征，为我们展示了一个动态的、流变的、拓扑的、增殖的美学图式，表达了对人类中心主义和逻各斯思想的解构，为生命时代建筑的审美解读提供了"中间领域"的视阈，生命时代作为中间领域的建筑就如同一个连接自然生态与人类社会的"块茎"体，呈现出流变、动态、异质、渗透、生成等审美属性。

在审美思维的确立上，德勒兹的"时间—影像"为我们阐释了影像与思维之间的平等性关系，诠释了一种影像信息的全新解读方式和有别于线性因果逻辑的全新感知空间，为光电子时代影像建筑的知觉体验及审美认知提供了运动与时间的叠合性思维；德勒兹关于"界域"的平滑空间运行机制，阐释了一个空间环境开放、迭代的生成过程，从建筑与物质、非物质环境关系的宏观视角，为当代建筑空间及形式美的解读，提供了空间流动的表达性思维；德勒兹关于感觉逻辑的探讨，构建了一个身体与内、外环境开放的关联图式，为数字技术背景下重新审美身体与建筑空间的关系提供了感觉逻辑的差异性思维；德勒兹生成论中的"无意指断裂""解辖域化"等概念的非中心、无等级的运行机制，为生命时代的建筑审美提供了动态生成的非理性思维逻辑。这些审美思维的转变使当代建筑完全摆脱了现代建筑的理性主义束缚，推动了当代建筑创作和当代建筑美学的非理性、多元化跨越，同时也推动了当代建筑的审美变异，使审美观念呈现出非理性、非标准、非总体的审美取向，使审美元素、审美范畴和审美规则更加体现审美主体性，更加具有包容性和差异性。

综上所述，本书是在德勒兹哲学美学的基础上，对当代建筑复杂现象背后美学思想体系的概括与凝练。本书试图在德勒兹哲学美学差异性、创造性、流变性、开放性、前瞻性的思想体系下，建构一个能适应并体现时代发展进程的动态、开放的建筑美学思想体系。当然，随着人们对德勒兹哲学美学思想认知的进一步深入及当代建筑创作思想、创新手法的更新，基于德勒兹哲学的当代建筑美学思想体系也将进一步丰富与延伸。它就像千座开放的高原，将在多元、异质的连接中不断创生新的美学意义。

图片来源

第二章

图2-4：任军. 当代建筑的科学之维 [M]. 南京：东南大学出版社，2009.

第三章

图3-6：大师系列丛书编辑部. 伯纳德·屈米的作品与思想 [M]. 北京：中国电力出版社，2005（8）.

图3-12：陈坚，魏春雨. "新场域精神之创造" ——浅析当代建筑创作中营造场域精神之新语汇和新方式 [J]. 华中建筑，2008（11）.

图3-15，图3-16，图3-22，图3-23：任军. 当代建筑的科学之维 [M]. 南京：东南大学出版社，2009.

图3-40~图3-42：李万林. 当代非线性建筑形态设计研究 [D]. 重庆大学，2008.

图3-56：[法] 吉尔·德勒兹. 哲学与权力的谈判 [M]. 北京：商务印书馆，2000.

图3-57：Paul Aldridge，Noemie Deville，Anna Solt，Jung Su Lee. EVOLO SKYSCRAPERS[M]. Library of Congress Cataloging-in-Publication Data Available，2012.

图3-59：[美]谭力勤. 奇点艺术——未来艺术在科技奇点冲击下的蜕变[M]. 北京：机械工业出版社，2018.

图3-65～图3-65：Paul Aldridge，Noemie Deville，Anna Solt，Jung Su Lee. EVOLO SKYSCRAPERS[M]. Library of Congress Cataloging-in-Publication Data Available，2012.

第四章

图4-6：大师系列丛书编辑部. 扎哈·哈迪德的作品与思想[M]. 北京：中国电力出版社，2005.

图4-7，图4-8：作者自摄.

图4-10：[英]康威·劳埃德·摩根. 让·努维尔：建筑的元素[M]. 白颖，译. 北京：中国建筑工业出版社，2004.

图4-13：大师系列丛书编辑部. 彼得·埃森曼的作品与思想[M]. 北京：中国电力出版社，2006.

图4-14：任军. 当代建筑的科学之维[M]. 南京：东南大学出版社，2009.

图4-18：美国亚洲艺术与设计协作联盟. 信息生物建筑[M]. 武汉：华中科技大学出版社，2008.

图4-22，图4-23：大师系列丛书编辑部. 伯纳德·屈米的作品与思想[M]. 北京：中国电力出版社，2005.

图4-24：美国亚洲艺术与设计协作联盟. 全息建筑生态学[M]. 武汉：华中科技大学出版社，2008.

图4-25：李万林. 当代非线性建筑形态设计研究[D]. 重庆大学，2008.

图4-27：大师系列丛书编辑部. 扎哈·哈迪德的作品与思想[M]. 北京：中国电力出版社，2007.

第五章

图5-1：大师系列丛书编辑部. 彼得·埃森曼的作品与思想 [M]. 北京：中国电力出版社，2006.

图5-3，图5-4：刘松茯. 外国建筑史图说 [M]. 北京：中国建筑工业出版社，2008.

图5-5：Joseph Rosa. Next GenerationArchitecture：Folds，Blobs&Boxes[M]. New York：Rizzoli，2003.

图5-9：任军. 当代建筑的科学之维 [M]. 南京：东南大学出版社，2009.

图5-12：[美]谭力勤. 奇点艺术——未来艺术在科技奇点冲击下的蜕变 [M]. 北京：机械工业出版社，2018.

图5-14：[英]康威·劳埃德·摩根. 让·努维尔：建筑的元素 [M]. 白颖，译. 北京：中国建筑工业出版社，2004.

图5-16：大师系列丛书编辑部. 让·努维尔的作品与思想 [M]. 北京：中国电力出版社，2006.

图5-34：美国亚洲艺术与设计协作联盟. 信息生物建筑 [M]. 武汉：华中科技大学出版社，2008.

注：图片未标注出处，均来自于网络

参考文献

外文参考文献

[1] Adrian Parr. The Deleuze Dictionary[M]. Edinburgh University Press, 2005.

[2] Claire Colebrook. Understanding Deleuze[M]. Allen & Unwin Press, 2002.

[3] Graham Jones, Jon Roffe. Deleuze's Philosophical Lineage[M]. Edinburgh University Press, 2009.

[4] Constantin V. Boundas. Deleuze and Philosophy[M]. Edinburgh University Press, 2006.

[5] Anna Powell. Deleuze, Altered States and Film[M]. Edinburgh University Press, 2007.

[6] Ronald Bogue. Deleuze's Way[M]. University of Georgia, 2007.

[7] Bernd Herzogenrath. Thinking Environments with Deleuze and Guattari[M]. Cambridge Scholars Publishing, 2008.

[8] Adrian Parr. Deleuze and Memorial Culture[M]. Edinburgh University Press. 2008.

[9] Mark Poster and David Savat. Deleuze and New Technology[M].

Edinburgh University Press, 2009.

[10] By Laura Cull. Deleuze and Performance[M]. Edinburgh University Press, 2009.

[11] Bernard Cache. Translated by Boyman, Anne. Earth Moves: The Furnishing of Territories[M]. The MIT Press, 1995.

[12] Greg Lynn. Folds, Bodies&Blobs[M]. New York: Princeton Architecture Press, 1998.

[13] Greg Lynn, Hani Rashid, Peter Weibel, Max Hollein. Architectural Laboratories[M]. NAI Publisher, 2003.

[14] Greg Lynn. Intricacy[M]. Philadelphia: University of Pennsylvania, 2003.

[15] GregLynn. Folding in Architecture, Second Edition[M]. Chichester: Wiley-Academy, 2004.

[16] Ian Buchanan and Gregg Lambert. Deleuze and Space[M]. Edinburgh University Press, 2005.

[17] Peg Rawes. Space, Geometry and Aesthetic: Through Kant and Towards Deleuze[M]. University College London Press, 2008.

[18] Andrew Ballantyne. Deleuze & Guattari for Architects[M]. Taylor & Francis e-Library, 2007.

[19] E A Grosz. Chaos, Territory, Art: Deleuze and the Framing of the Earth[M]. Columbia University Press, 2008.

[20] Simone Brott. Architecture for a Free Subjectivity[M]. Ashgate Publishing Company, 2011.

[21] Victor Gane. Parametric Design – a Paradigm Shift[J]. Massachusetts Institute of Technology, Department of Architecture, 2004.

参考文献

[22] Non-Linear Architectural Design Process by Yasha Jacob Grobman, Abraham Yezioro and Isaac Guedi Capeluto, 2008.

[23] Experiencing Build Space: Affect and Movement by Eva Perez de Vega[J]. Proceedings of the European Society for Aesthetics, 2010(2).

[24] Scenario: Co-Evolution, Shared Autonomy and Mixed Reality by Dennis Del Favero, Timothy S. Barker, IEEE International Symposium on Mixed and Augmented Reality 2010 Arts, Media, & Humanities Proceedings, 2010.

[25] Digital Morphogenesis and Computational Architectures by Branko Kolarevic, University of Pennsylvania, 2001.

[26] Chaos, Territory, Art. Deleuze and the Framing of the Earth by Elizabeth Grosz, Women's and Gender Studies, Rutgers University, New York, 2006.

[27] Paul Aldridge, Noemie Deville, Anna Solt, Jung Su Lee. EVOLO SKYSCRAPERS[M]. Library of Congress Cataloging-in-Publication Data Available, 2012.

[28] Gilles Deleuze. Difference and Repetition[M]. Columbia University Press, 1994.

[29] Gilles Deleuze. Difference and Reptition[M]. Columbia Uolumbia University Press, Preface to the English Edition, 1994.

[30] Gilles Deleuze. A Thousand Plateaus. The University of Minnesota Press, 2005.

[31] Bernd Herzogenrath. An[Un] Likely Alliance: Thinking Environment[s] with Delenze/ Guattari[M]. Cambridge Scholars Publishing, 2008.

[32] Ansell Pearson. Germinal Life[M]. London: Routledge, 1999.

[33] Gilles Deleuze. Cinema2 : The Time-Image[M]. University of Minnesota Press, 1989.

[34] Wolf Prix. On the Edge. Andreas Papadakis, Geoffrey Broadbent & Maggie Toy(Editor). Free Spirit in Architecture [M]. New York: St. Martin's Press, 1922.

[35] Alicia Imperiale. Smooth Bodies[J]. Journal of Architectural Education, 2013.

[36] Bemard Tschumi. Architectuer and Events. in PaPdakis Anderas. New Architectuer: Reaching of rhte Future[M]. Publisher Singapore, 1997.

[37] Joseph Rosa. Next GenerationArchitecture: Folds, Blobs&Boxes[M]. New York: Rizzoli, 2003.

[38] Philip Jodidio. New Forms: Architecture in the 1990s[M]. New York: Taschen, 1997.

[39] Joseph Rosa. Next GenerationArchitecture: Folds, Blobs&Boxes[M]. New York: Rizzoli, 2003.

[40] GastonBachelard. The Poetics of Recerie[M]. Beacon Press, 1971.

[41] Of Other Space: Uptopias and Heterotopias[M]. Lotus Internation, 1985.

[42] Annette Svaneklink Jakobsen. Experience in-between architecture and context: the New Acropolis Museum, Athens [J]. Journal of AESTHETICS & CULTURE, 2012(4).

[43] Bulakh L V. Artistic and Aesthetic Formation and Evolution of Architectural and Urban Planning[J]. Science and Innovation, 2019(15).

参考文献

中文参考书目

[1] 麦永雄. 德勒兹与当代性——西方后结构主义思潮研究 [M]. 桂林：广西师范大学出版社，2007.

[2] 大师系列丛书编辑部. 伯纳德·屈米的作品与思想 [M]. 北京：中国电力出版社，2005（8）.

[3] 陈永国. 游牧思想——吉尔·德勒兹，费利克斯·瓜塔里读本 [M]. 长春：吉林人民出版社，2004.

[4] [法] 吉尔·德勒兹. 福柯·褶子 [M]. 于奇智，杨洁，译. 长沙：湖南文艺出版社，2001.

[5] [法] 吉尔·德勒兹. 德勒兹论福柯 [M]. 杨凯麟，译. 南京：江苏教育出版社，2006.

[6] [法] 吉尔·德勒兹，菲利克斯·迦塔利. 什么是哲学 [M]. 张祖建，译. 长沙：湖南文艺出版社，2007.

[7] [法] 吉尔·德勒兹. 普鲁斯特与符号 [M]. 姜宇辉，译. 上海：上海译文出版社，2008.

[8] [法] 吉尔·德勒兹. 资本主义与精神分裂（卷2）：千高原 [M]. 姜宇辉，译. 上海：上海书店出版社，2010.

[9] 姜宇辉. 德勒兹身体美学研究 [M]. 武汉：华东师范大学出版社，2007.

[10] 刘杨. 基于德勒兹哲学的当代建筑创作思想 [M]. 北京：中国建筑工业出版社，2020.

[11] [美] 彼得·埃森曼，彼得·埃森曼. 图解日志 [M]. 陈欣欣，何捷，译. 北京：中国建筑工业出版社，2005.

[12] 美国亚洲艺术与设计协作联盟. 终结图像 [M]. 武汉：华中科技大学出版社，2007.

[13] 美国亚洲艺术与设计协作联盟. 折叠·织造·覆层 [M]. 武汉：华中科技大学出版社，2008.

[14] 美国亚洲艺术与设计协作联盟. 信息生物建筑[M]. 武汉：华中科技大学出版社，2008.

[15] 莫伟民，姜宇辉，王礼平. 二十一世纪法国哲学[M]. 北京：人民出版社，2008.

[16] 潘于旭. 断裂的时间与"异质性"的存在——德勒兹《差异与重复》的文本解读[M]. 杭州：浙江大学出版社，2007.

[17] [法]吉尔·德勒兹. 哲学与权力的谈判[M]. 北京：商务印书馆，2000.

[18] 任军. 当代建筑的科学之维[M]. 南京：东南大学出版社，2009.

[19] [法]吉尔·德勒兹. 时间——影像[M]. 谢强，蔡若明，马月，译. 长沙：湖南美术出版社，2004.

[20] 万书元. 当代西方建筑美学[M]. 南京：东南大学出版社，2001.

[21] [法]吉尔·德勒兹. 弗兰西斯·培根：感觉的逻辑[M]. 董强，译. 桂林：广西师范大学出版社，2007.

[22] 胡塞尔. 生活世界的现象学[M]. 上海：上海译文出版社，2005.

[23] [日]黑川纪章. 共生思想[M]. 贾力，等译. 北京：中国建筑工业出版社，2009.

[24] 朱立元. 当代西方文艺理论[M]. 上海：华东师范大学出版社，2005.

[25] 大师系列丛书编辑部. 让·努维尔的作品与思想[M]. 北京：中国电力出版社，2006.

[26] [英]冯炜. 透视前后的空间体验与建构[M]. 李开然，译. 南京：东南大学出版社，2009.

[27] [英]康威·劳埃德·摩根. 让·努维尔：建筑的元素[M]. 白颖，

参考文献

译. 北京：中国建筑工业出版社，2004.

[28] [法]柏格森. 材料与记忆[M]. 肖聿，译. 北京：华夏出版社，1999.

[29] 徐卫国，罗丽. 建筑/非建筑[M]. 北京：中国建筑工业出版社，20064.

[30] [美]柯林·罗，罗伯特·斯拉茨基. 透明性[M]. 金秋野，王又佳，译. 北京：中国建筑工业出版社，2008.

[31] 周诗岩. 建筑物与像——远程在场的影像逻辑[M]. 南京：东南大学出版社，2007.

[32] 胡塞尔. 生活世界的现象学[M]. 上海：上海译文出版社，2005.

[33] [法]吉尔·德勒兹. 哲学的客体[M]. 陈永国，尹晶，译. 北京：北京大学出版社，2010（1）.

[34] 沈克宁. 建筑现象学[M]. 北京：中国建筑工业出版社，2008.

[35] 美国亚洲艺术与设计协作联盟. 全息建筑生态学[M]. 武汉：华中科技大学出版社，2008.

[36] 大师系列丛书编辑部. 扎哈·哈迪德的作品与思想[M]. 北京：中国电力出版社，2005.

[37] 大师系列丛书编辑部. 彼得·埃森曼的作品与思想[M]. 北京：中国电力出版社，2006.

[38] [美]麦克卢汉. 理解媒介：论人的延伸[M]. 何道宽，译. 北京：商务印书馆，2000.

[39] 大师系列丛书编辑部. 扎哈·哈迪德的作品与思想[M]. 北京：中国电力出版社，2007.

[40] [日]渊上正幸. 世界建筑师的思想和作品[M]. 覃力，黄衍顺，徐慧，吴再兴，译. 北京：中国建筑工业出版社，2004.

[41] "游牧机器"：伍端. 褶皱——游牧机器[J]. 城市建筑，2010
（5）.

[42] 刘松茯. 外国建筑史图说[M]. 北京：中国建筑工业出版社，
2008.

[43] 刘松茯，李静薇. 扎哈·哈迪德[M]. 北京：中国建筑工业出版社，2008.

[44] [英]康威·劳埃德·摩根. 让·努维尔：建筑的元素[M]. 白颖，
译. 北京：中国建筑工业出版社，20041.

[45] [美]谭力勤. 奇点艺术——未来艺术在科技奇点冲击下的蜕
变[M]. 北京：机械工业出版社，2018.

[46] 周宪. 审美现代性批判[M]. 北京：商务印书馆，2016.

[47] [美]肯特·C·布鲁姆 查尔斯·W·摩尔. 身体，记忆与建筑[M].
成朝晖，译. 北京：中国美术学院出版社，2016.

[48] 汪原. 边缘空间——当代建筑学与哲学话语[M]. 北京：中国
建筑工业出版社，2010.

[49] [芬兰]尤哈尼·帕拉斯玛. 肌肤之目——建筑与感官[M]. 刘
星，任丛丛，邓智勇，方海，译. 北京：中国建筑工业出版
社，2016.

[50] 虞刚. 软建筑[J]. 建筑师，2005（12）.

[51] 车冉，王绍森. 环境叙事下的游牧空间在建筑创作中的演
绎——以宁波宁亿生活美学馆概念设计为例[J]. 当代建筑，
2021.

[52] 王思雨，邓庆坦. 从几何折叠到自然褶皱——当代解构建筑
的复杂形态演变解析[J]. 中外建筑，2021（12）.

[53] 邓亚梅. 非理性认识论：德勒兹"块茎说"及其现代意义[J].
燕山大学学报（哲学社会科学版），2010（6）.

[54] 申绍杰，李江. "身体"视野下的现当代建筑学扫描[J]. 建筑

学报，2009（1）.

[55] 楚超超. 身体与建筑[J]. 建筑学报，2010.

[56] 韩巍. 建筑的姿态——从"蓝天组"的建构观看德累斯顿 UFA电影院的建筑设计[J]. 南京艺术学院学报，2008（3）.

[57] 沈克宁. 时间·记忆·空间[J]. 时代建筑，2008（6）.

[58] 陈荣钦，张利. 数字建筑中的虚拟性浅析[J]. 计算机教育，2007（11）.

[59] 赵榕. 从对象到场域[J]. 建筑师，2005（2）.

[60] 王丽方. 潮流之外——墨西哥建筑师路易斯·巴拉干[J]. 世界建筑，2000（3）.

[61] 邓亚梅. 非理性认识论：德勒兹"块茎说"及其现代意义[J]. 燕山大学学报（哲学社会科学版），2010（6）.

[62] 赵之枫. 城市边缘活力的再生——解读澳大利亚墨尔本联邦广场[J]. 新建筑，2008（5）.

[63] 闫苏，仲德崑. 以影像之名——电影艺术与建筑实践[J]. 新建筑，2008.

[64] 陈坚，魏春雨. "新场域精神之创造"——浅析当代建筑创作中营造场域精神之新语汇和新方式[J]. 华中建筑，2008（11）.

[65] 韩桂玲. 吉尔·德勒兹身体创造学的一个视角[J]. 学术论坛理论月刊，2010（2）.

[66] 麦永雄. 德勒兹生成论的魅力[J]. 文艺研究，2004（3）：8.

[67] 韩桂玲. 试析德勒兹的"无器官的身体"[J]. 商丘师范学院学报，2008（1）.

[68] 黄文达. 德勒兹的电影思想[J]. 华东师范大学学报（哲学社会科学版），2010（5）.

[69] 王冰. 爱默生学院洛杉矶中心，洛杉矶，加利福尼亚州，美

基于德勒兹哲学的当代建筑美学

国 [J]. 世界建筑，2013（9）.

[70] 韩桂玲. 后现代主义创造观：德勒兹的"褶子论"及其述评 [J]. 晋阳学刊，2009（6）.

[71] 应雄. 德勒兹《电影2》读解：时间影像与结晶 [J]. 电影艺术，2010（6）.

[72] 王立明. 格雷戈·林恩（Greg Lynn）的数字设计研究 [D]. 东南大学硕士，2006.

[73] 唐卓. 影像的生命——德勒兹电影事件美学研究 [D]. 哈尔滨师范大学，2010.

[74] 李万林. 当代非线性建筑形态设计研究 [D]. 重庆大学，2008.

[75] 赵榕. 当代西方建筑形式设计策略研究 [D]. 东南大学，2005.

[76] 司露. 电影影像：从运动到时间——德勒兹电影理论初探 [D]. 华东师范大学，2009.

[77] 田宏. 数码时代"非标准"建筑思想的产生与发展 [D]. 清华大学，2005.

[78] 高天. 当代建筑中折叠的发生与发展 [D]. 同济大学，2007.

[79] 李光前. 图解，图解建筑和图解建筑师 [D]. 同济大学，2008.

[80] 陶晓晨. 数字图解——图解作为"抽象机器"在建筑设计中的应用 [D]. 清华大学，2008.

[81] 李昕. 非线性语汇下的建筑形态生成研究 [D]. 湖南大学，2009.

[82] 尹志伟. 非线性建筑的参数化设计及其建造研究 [D]. 清华大学，2009.

[83] 张向宁. 当代复杂性建筑形态设计研究 [D]. 哈尔滨工业大学，2009.

[84] 李晓梅. 基于德勒兹哲学的建筑复杂性形态探究 [D]. 湖南大学，2016.

[85] 白海瑞. 奔跑的竹子——论德勒兹的生成论 [D]. 陕西师范大学，2011.

[86] 徐俊芬. 透视建筑时间之维 [D]. 华中科技大学，2006.

[87] 杨震. 建筑创作中的生态构思 [D]. 重庆大学，2003.

[88] 尹志伟. 非线性建筑的参数化设计及其建造研究 [D]. 清华大学，2009.

[89] 陆邵明. 当代建筑叙事学的本体建构——叙事视野下的空间特征、方法及其对创新教育的启示 [J]. 建筑学报，2010（4）.

[90] 姜宇辉. 审美经验与身体意象 [D]. 复旦大学，2004（4）.

[91] 丁晨. 德勒兹《时间—影像》对空间设计的启示研究 [D]. 南京艺术学院，2020.